尹军霞
胡春霞
王　敏
编著

微生物学实验

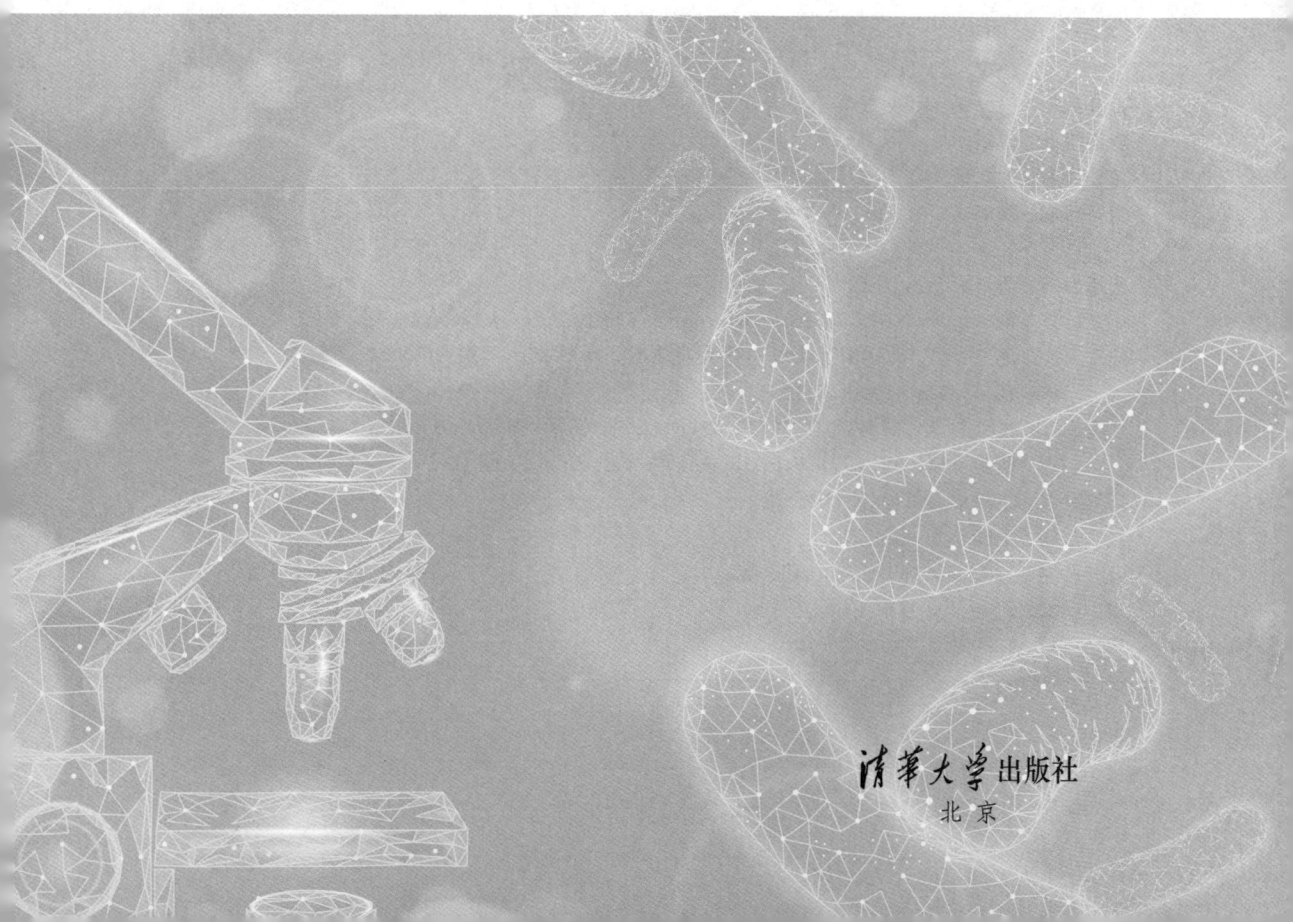

清华大学出版社
北京

内 容 简 介

本书将微生物学实验分为基础实验、综合提高实验和研究创新实验三个阶段。基础实验 21 个,以研究课题的形式安排实验内容和顺序,使所有的基础实验连贯成一个科学探究课题,编写主线为:培养基的配制及灭菌;土壤四大类微生物的培养计数、分离纯化;分离放线菌、酵母菌和霉菌的形态鉴定;分离细菌的形态鉴定、生长曲线、营养需求、生长控制、生理生化特征、16S rDNA 鉴定;微生物菌种保藏。综合提高实验 16 个,分别是与农业、环境、食品、医药相关的小型研究课题。研究创新实验示例 1 个。

本书的很多实验内容和实验环节为编者原创或改进,可操作性很强,可供理工农林医等高校的生物科学、生物技术(工程)、生物制药、药学、农学、环境科学、食品科学等专业教学使用。

图书在版编目(CIP)数据

微生物学实验 / 尹军霞,胡春霞,王敏编著. -- 北京:清华大学出版社,2025.5.
ISBN 978-7-302-69235-5

Ⅰ. Q93-33

中国国家版本馆 CIP 数据核字第 2025MC8744 号

责任编辑:冯　昕　龚文方
封面设计:傅瑞学
责任校对:薄军霞
责任印制:刘海龙

出版发行:清华大学出版社
　　　　网　　　址:https://www.tup.com.cn,https://www.wqxuetang.com
　　　　地　　　址:北京清华大学学研大厦 A 座　　　邮　　编:100084
　　　　社 总 机:010-83470000　　　　　　　　　邮　　购:010-62786544
　　　　投稿与读者服务:010-62776969,c-service@tup.tsinghua.edu.cn
　　　　质量反馈:010-62772015,zhiliang@tup.tsinghua.edu.cn
印 装 者:三河市人民印务有限公司
经　　销:全国新华书店
开　　本:185mm×260mm　印　张:11.75　　　　字　　数:285 千字
版　　次:2025 年 5 月第 1 版　　　　　　　印　　次:2025 年 5 月第 1 次印刷
定　　价:42.00 元

产品编号:109716-01

前 言

　　加强对学生创新探究能力的培养已经成为我国高等教育教学改革的重点,而实验教学则是培养和提高学生创新探究能力的重要环节,探究性教学更是成为高校实验教学改革的潮流。"微生物学实验"课程往往在大一、大二等低年级开设,该阶段的学生缺乏探究性教学所需的科研素养与知识储备,直接开展探究性实验存在一定的难度。编者根据多年的课程教学探索与实践,在编写时采用"三段三层"渐进式探究的总体结构,将微生物学实验内容分为基础、综合提高和研究创新三个阶段(层次)。其中,基础实验以研究课题的形式安排实验内容和顺序,使所有的基础实验连贯成一个科学探究课题,该阶段侧重微生物的基本操作技术;综合提高阶段的实验是一些小型研究课题,该阶段强调操作技能的综合应用;研究创新阶段则组织学生进行实战创新研究。

　　教材整体编写秉持"必需、够用、适当提升挑战度"的原则,忽略一般高校无法开设的实验内容(如厌氧培养、免疫学技术等),适度地增加必修部分的创新性和挑战度,以期集中力量培养学生扎实的基础知识和基本的操作技能,同时培养学生的创新能力。

　　本教材从以下 3 个方面进行了优化。

1. 内容上的优化

　　(1)基础实验部分。考虑到新高考政策下有些学生没有光学显微镜操作基础,增加了"光学显微镜的使用"实验为第一个实验项目;增加了技术升级的"细菌的电镜观察"和应用性很强的"生长谱法测定微生物的营养需求"实验项目;增加了"物理因素对微生物生长的影响"与"药物和生物因素对微生物生长的影响(抑菌实验)"实验项目,对影响微生物生长的 3 个因素进行了探索研究。

　　(2)综合提高实验部分。增加了"产氨基酸抗反馈调节突变株的筛选""大肠杆菌质粒DNA的提取和电泳检测""大肠杆菌感受态细胞的制备和转化""水中生化需氧量(BOD)的测定""泡菜发酵及亚硝酸含量的测定"5 个反映现代生物技术、发酵菌种选育及体现"理+农""工+农"交叉融合的综合应用型实验项目。

2. 将数字资源以二维码的形式嵌入教材

　　(1)微生物学实验有一套规范的操作技术,编者制作了相应的微生物学实验的操作技术视频,方便学生模仿和练习;绘制了每个操作技术的思维导图,并标注了关键步骤和注意事项,有利于提高学生的实验成功率。

　　(2)自主开发了可供多个专业选择的"淀粉酶产生菌的分离、筛选与鉴定"虚拟仿真实验项目(包括 3 个模块的手机版),可供学生随时随地利用碎片化时间进行操作和练习。

　　(3)根据实验的需要,嵌入 3D 动画、视频说明、实验课件、实验图像、拓展资料、习题解答等数字资源,将传统教材与数字化拓展资源有机结合。

3. 具体实验内容的改进

在具体实验内容中,本书增加了示意图、模式图、流程图、框架图等图像来直观地说明概念和过程,有的实验还增加了多种操作方法,供不同实验条件的学校选用。

在本书"三段三层"渐进式探究实验设计中,基础阶段的课题与实际应用相关,综合提高阶段的课题分别与农业、环境、食品、医药相关,不同学校和专业可根据需求进行选择;研究创新阶段的课题与教师的科研项目或学生感兴趣的微生物学问题相关。通过实用性、专业性、前沿性和趣味性的课题增强学生的兴趣,激发学生的探究热情,培养学生的创新精神和应用能力。

本书参考了大量国内外优秀微生物学教材、微生物学实验教材和相关资料,绍兴文理学院的沈国娟老师、王炎锋老师、董华平老师,河北衡水学院的侯晓杰老师、王茜老师、王倩老师均参与了本书的校对工作,编者在此一并致以诚挚的谢意!

由于编者能力和水平有限,本书难免有不当之处,敬请广大专家、同仁和读者批评指正,谢谢!

尹军霞

2024 年 9 月

目 录

Ⅲ　研究创新实验

实验须知

为了上好微生物学实验课并保证安全,特提出如下注意事项。

(1) 每次实验前必须对实验内容进行充分预习,以了解实验的目的、原理和方法,做到心中有数,思路清楚。

(2) 实验过程中认真及时做好实验记录,对当时不能得到结果而需要连续观察的实验,则需记下每次观察的现象和结果,以便分析。

(3) 应保持实验室内整洁,不准在实验室吃食品。保持室内安静,有问题时举手提问,严禁谈笑喧哗,随便走动和会客。

(4) 实验时须小心仔细,全部操作应严格按操作规程进行。发生盛菌试管或瓶被打破、皮肤破伤或菌液吸入口中等意外情况,应立即报告指导教师,及时处理,切勿隐瞒。

(5) 实验过程中,切勿使乙醇(酒精)、乙醚、丙酮等易燃试剂接近火焰。如遇火险,应先关掉火源,再用湿布或沙土掩盖灭火。必要时应使用灭火器。

(6) 使用显微镜或其他贵重仪器时要细心操作,特别爱护。

(7) 对消耗材料和试剂等要力求节约,在用毕后放回原处。

(8) 每次实验完毕后,必须把所用仪器抹净放妥,将实验室收拾整齐,擦净桌面。如有菌液污染桌面或其他地方,可用 3% 来苏尔液或 5% 石炭酸液覆盖其上半小时后擦去,如系芽孢杆菌则应适当延长消毒时间;凡带菌工具(如吸管、玻璃刮棒等)在洗涤前须浸泡在 3% 来苏尔液中消毒。

(9) 实验应标明培养材料组别及处理方法,放于教师指定的地点培养;未经教师许可,实验室中的菌种和物品等不得携带出室外,离开实验室前应将手洗净。

(10) 应以实事求是的科学态度将每次实验的结果填入报告表格中,力求简明准确。

(11) 值日生要负责清扫地面,收拾实验用品,处理垃圾,关好水、电、门、窗等后再离开。

I 基础实验

　　本书的基础实验以探究性课题(土壤中四大类微生物分离纯化、计数与鉴定)的形式安排实验内容和顺序,使所有的实验连贯起来。其中,放线菌、酵母菌和霉菌的鉴定以形态观察为主。细菌的鉴定包括形态、生长特性(控制)、生理生化特征和16S rDNA鉴定。具体实验内容和实验顺序设计思路为:培养基的配制、灭菌物品的准备及灭菌;土壤四大类微生物的培养计数、分离纯化;分离放线菌、酵母菌和霉菌的形态鉴定;分离细菌的形态鉴定、生长曲线、营养需求、生长控制、生理生化特征、16S rDNA鉴定;微生物菌种保藏。所有实验环环相扣,全部可由学生以科研小组为单位完成,教师可根据不同的专业、不同的课时选做菌种分离纯化后的实验。

　　在常规教材中,形态或生理生化特征典型的菌种由教师提供。在本书的实验体系中,教师仍然提供这些典型菌作为鉴定科研小组分离菌的标准菌或对照菌。这样既能方便学生掌握不同微生物形态和生理生化特征的多样性,也能方便科研小组成员分配任务。比如,3～4人的科研小组,可以1人操作教师提供的典型菌A,1人操作教师提供的典型菌B,1～2人操作科研小组的分离菌。这样不仅能将一个个独立的、枯燥的验证性实验变成科研小组的协作探究,激发学生实验探究的兴趣,又能保证每个组员都掌握微生物的基本实验技术,进行独立操作和训练。实验土壤可以是与本地区农业、工业、环保等密切相关且富含四大类微生物的各种土壤,如被Cd(镉)污染的菜园土壤,某花卉、蔬菜、果园、农作物基地的土壤等。

实验一

光学显微镜的使用

一、目的要求

(1) 熟悉普通光学显微镜的构造和原理。

(2) 正确掌握光学显微镜的使用方法。

二、实验原理

普通光学显微镜由机械装置和光学系统两部分组成(见图 1-1)。

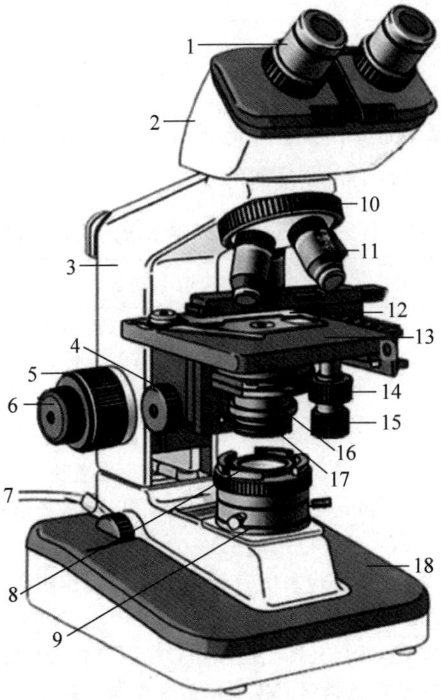

1—目镜；2—镜筒；3—镜臂；4—聚光器升降手轮；5—粗调螺旋；6—细调螺旋；7—电源线；8—光源；9—视场光阑；10—物镜转换器；11—物镜；12—标本夹；13—载物台；14—标本推动器纵向移动旋钮；15—标本推动器横向移动旋钮；16—聚光镜；17—虹彩光圈；18—镜座。

图 1-1　显微镜构造示意图

1. 机械装置

显微镜的机械装置包括镜座、镜臂、镜筒、物镜转换器、载物台、标本推动器、粗调螺旋和细调螺旋等部件,各部件的构造与功能见表 1-1。

表 1-1　普通光学显微镜机械部分的构造与功能

部　件	构造与功能
镜座	显微镜的基本支架,在显微的底部,呈马蹄形、长方形、三角形等
镜臂	连接镜座和镜筒之间的部分,呈圆弧形,是移动显微镜时的握持部分
镜筒	镜筒上接目镜,下接物镜转换器。从镜筒的上缘到物镜转换器螺旋口之间的距离被称为机械筒长。物镜的放大率是与镜筒长度相关的,镜筒长度变化不仅放大率随之变化,成像质量也会受到影响,因此,不能随意改变镜筒长度。国际上将显微镜的标准筒长定为160mm,此数字会被标在物镜的外壳上
物镜转换器	由两个金属圆盘叠合而成,可安装 3～4 个物镜。转动转换器,可以按需要将其中任何一个物镜和镜筒接通,使物镜与镜筒上面的目镜构成一个放大系统
载物台与标本推动器	载物台中央有一孔,为光线通路。在台上装有标本夹,标本夹与标本推动器相连,调节标本推动器的横向或纵向移动螺旋可使标本夹做横向或纵向运动
调焦螺旋	位于镜臂的一旁,分为粗调螺旋和细调螺旋。粗调螺旋用于粗放调节物镜和标本的距离,只能粗放地调节焦距;而细调螺旋则用于进一步调节焦距
聚光器升降手轮	装在载物台下方,可使聚光器升降,用于调节光源射出来的光线

2. 光学系统

显微镜的光学系统包括目镜、物镜、聚光器等,光学系统可以使标本物像放大,形成倒立的放大物像,各部件的构造与功能见表 1-2。

表 1-2　普通光学显微镜光学系统的构造与功能

部　件	构造与功能
目镜	目镜装在镜筒上端,作用是把被物镜放大了的实像再放大一次,并把物像映入观察者的眼中。目镜上刻有表示放大倍数的标志,如 $5\times$、$10\times$、$16\times$。目镜中可安置目镜测微尺,用于测量标本的大小
物镜	物镜是显微镜中最重要的部分,其被安装在转换器的螺口上,作用是将被检物像进行第一次放大,形成倒立的实像。物镜成像的质量对分辨率有着决定性的影响,其性能取决于物镜的数值孔径,每个物镜的数值孔径都被标在物镜的外壳上,数值孔径越大,物镜的性能越好。 一般物镜包括低倍镜($4\times$、$10\times$)、高倍镜($40\times$)和油镜($100\times$)。使用时可以通过镜头侧面刻有的放大倍数来辨认,一般放大倍数越高的物镜工作距离越小,油镜的工作距离则只有0.19mm
聚光器	聚光器在载物台下面,里面装有聚光镜和虹彩光圈,起汇聚光线的作用。聚光器可根据光线的需要上下调整。一般用低倍镜时需要降低聚光器,用油镜时则需要将其升至最高处。 虹彩光圈由十几张金属薄片组成,可放大或缩小,用以调节光强和数值孔径的大小。在观察较透明的标本时,光圈宜缩小些,这时分辨率虽会降低但反差会增强,从而使透明的标本被看得更清楚;但也不宜将光圈关得太小,以免由于光干涉现象而导致成像模糊

三、实验材料

1. 菌种

金黄色葡萄球菌（*Staphylococcus aureus*）、枯草芽孢杆菌（*Bacillus subtilis*）（染色玻片标本）、酿酒酵母（*Saccharomyces cereviseae*）和黑根霉（*Rhizopus nigricans*）（水封片）。

2. 试剂

香柏油、二甲苯。

3. 仪器和其他用具

显微镜、擦镜纸等。

水封片

四、实验内容

1. 观察前的准备

（1）显微镜的安置。从显微镜柜或镜箱内拿出显微镜时要用右手紧握镜臂，左手托住镜座，平稳地将显微镜搬到实验台上。镜座离实验台边缘约 10cm，镜检时姿势要端正。

（2）光源调节。将聚光器上升到最高位置，同时通过调节安装在镜座内的光源灯的电压获得适当的照明亮度。在使用反光镜采集自然光或灯光作为照明光源时，应根据光源的强度及所用物镜的放大倍数选用凹面或凸面反光镜并调节其角度，使视野内的光线均匀，亮度适宜。

说明：适当调节聚光器的高度也可改变视野的照明亮度，但一般情况下聚光器在使用中都是调到最高位置。

（3）根据使用者的个人情况调节双筒显微镜的目镜。双筒显微镜的目镜间距可以适当调节，左目镜上一般还配有屈光度调节环，可以适应眼距不同或两眼视力有差异的不同观察者。

（4）聚光器数值孔径值的调节。调节聚光器的虹彩光圈值，使之与物镜的数值孔径值相符或略低。有些显微镜的聚光器只标有最大数值孔径值，而没有具体的光圈数刻度，使用这种显微镜时可在样品聚焦后取下一目镜，从镜筒中一边看着视野一边缩放光圈，调整光圈的边缘与物镜边缘黑圈相切或略小于其边缘。因为各物镜的数值孔径值不同，所以每转换一次物镜都应进行调节。

说明：在聚光器的数值孔径值被确定后，若需改变光照强度则可通过升降聚光器或改变光源的亮度来实现，原则上不应再调节虹彩光圈。当然，虹彩光圈、聚光器高度及照明光源强度的使用原则也不是固定不变的，只要能获得良好的观察效果，有时也可根据不同的情况灵活处理。

2. 显微观察

在目镜保持不变的情况下，使用不同放大倍数的物镜所能达到的分辨率及放大倍率都

显微镜观察方式

是不同的。在显微观察时应根据所观察微生物的大小选用不同的物镜,例如,观察酵母、霉菌等个体较大的微生物形态时,可选择低倍镜或高倍镜(如本实验使用的酿酒酵母和黑根霉),而观察个体相对较小的细菌或微生物的细胞结构时,则应选用油镜(如本实验使用的金黄色葡萄球菌及枯草芽孢杆菌)。一般情况下(特别是初学者)在进行显微观察时应遵守从低倍镜到高倍镜再到油镜的观察次序,因为低倍物镜视野相对较大,易发现目标及确定观察的位置。

(1) 低倍镜观察。将待检标本玻片置于载物台上,用标本夹夹住,调节标本推动器旋钮使观察对象处在物镜的正下方。下降"10×"物镜使其接近标本,用粗调螺旋慢慢升起镜筒(或下降载物台),使标本在视野中初步聚焦,再调节细调螺旋至图像清晰。通过标本推动器移动标本,找到合适的目标像并将它移到视野中央进行观察。

说明:使用粗调螺旋聚焦物像时,要养成"先从侧面注视,小心调节物镜靠近标本,然后用目镜观察,慢慢调节物镜离开标本进行准焦"的习惯,以免因一时的误操作而损坏镜头及载玻片。

(2) 高倍镜观察。在低倍镜下找到合适的观察目标并将其移至视野中心后,轻轻转动物镜转换器将高倍镜移至工作位置。对聚光器光圈及视野亮度进行适当调节后,用细调螺旋调至物像清晰为止,通过标本推动器移动标本,找到需要观察的目标像,将之移至视野中央进行观察。

说明:在一般情况下,当物像在一种物镜中已清晰聚焦后,转动物镜转换器将其他物镜转到工作位置进行观察时,物像将保持基本准焦的状态,这种现象被称为物镜的同焦(parfocal)。利用这种同焦现象,可以保证在使用高倍镜或油镜等放大倍数高、工作距离短的物镜时仅用细调螺旋即可使物像清晰聚焦,从而避免使用粗调螺旋时可能的误操作损坏镜头或载玻片。

(3) 油镜观察。在低倍镜或高倍镜下找到要观察的区域后,移开镜头,在待观察的样品区域滴上一滴香柏油,将油镜转至工作位置,将聚光器升至最高,放大视场光阑及聚光器上的虹彩光圈(带视场光阑的油镜,开大视场光阑),调节光源使视野的亮度合适,用细调螺旋调至物像清晰为止。

说明:很多显微镜在低倍镜或高倍镜下找到了要观察的区域,换油镜至工作位置后,使用细调螺旋很难找到物像,所以对于油镜观察通常采用下面的方法。

用粗调螺旋下降载物台或升高镜筒,使物镜逐渐远离标本片,在标本观察区域滴上一滴香柏油,然后将油镜转至工作位置,在侧面注视下,调节粗调螺旋使载物台缓缓上升(或使镜筒缓缓下降),使油镜镜头浸在油中并几乎与标本接触,将聚光器升至最高位置,放大视场光阑及聚光器上的虹彩光圈(带视场光阑的油镜,开大视场光阑),调节光源使视野的亮度合适,调节粗调螺旋,使载物台微微下降(或使镜筒微微上升),直至视野中出现一闪而过的物像,改用细调螺旋调至物像清晰。如果镜头已离开油滴但尚未发现物像,可重新按上述步骤操作直到物像清晰为止。

3. 观察完毕后显微镜的处理

(1) 下降载物台(或使镜筒上升),将油镜头转出,先用擦镜纸擦去镜头上的油,再用擦镜纸蘸少许二甲苯溶液(香柏油溶于二甲苯)擦去镜头上残留的油迹,最后再用干净的擦镜纸擦去残留的二甲苯溶液。注意擦镜头时应向一个方向擦拭,切忌用手或其他纸擦拭镜头,以免使镜头沾上污渍或产生划痕而影响观察。

(2)用擦镜纸清洁其他物镜及目镜,用绸布清洁显微镜的金属部件。

(3)将各部分还原,将光源灯亮度调至最低后关闭,将反光镜垂直于镜座,将最低放大倍数的物镜转到工作位置,同时将载物台降到最低位置,并降下聚光器。最后将显微镜放回柜内或镜箱中。

注意事项

(1)不要在下降物镜镜头时用力过猛或调焦时误将粗调螺旋向反方向转动而损坏镜头及载玻片。

(2)不可以转动高倍镜经过加油镜油的区域。

(3)二甲苯溶液等清洁剂会对镜头造成损伤,不要使用过量的清洁剂或让其在镜头上停留时间过长,不要让清洁剂在镜头上有残留。此外,切忌用手或其他纸擦拭镜头,以免使镜头沾上汗渍、油污或产生划痕。

五、实验报告

分别绘出低倍镜、高倍镜和油镜下观察到的各种微生物的形态,包括三种情况下视野中的变化。同时要注明物镜放大倍数和总放大倍数。

六、思考题

(1)试列表比较低倍镜、高倍镜及油镜各方面的差异。

(2)为什么在使用高倍镜及油镜之前要先用低倍镜进行观察?

习题解答

实验二

培养基的配制

一、目的要求

(1) 了解培养基的配制原理。

(2) 了解培养基配制的常规步骤。

(3) 学习和掌握几种培养基的配制方法。

二、实验原理

　　培养基是根据微生物生长发育的需要用不同组分的营养物质调制而成的营养基质。人工制备培养基的目的在于给微生物创造一个良好的营养条件。把一定的培养基放入特定的器皿中,就成了人工繁殖微生物的环境和场所。自然界中的微生物种类繁多,因为微生物具有不同的营养需求,且实验和研究的目的不同,所以培养基在组成原料上也各有差异。但是,不同种类和不同组成的培养基均应含有满足微生物生长发育的水分、碳源、氮源、无机盐和生长素,以及某些必需的微量元素等。此外,培养基还应具有适宜的酸碱度(pH 值)、一定的缓冲能力、一定的氧化还原电位和合适的渗透压。

　　培养基可以根据不同的标准分为不同的类型:按成分的不同可以分为天然培养基、合成培养基、半合成培养基;按培养基的物理状态可以分为固体培养基、液体培养基、半固体培养基;按培养基的用途可以分为基础培养基、选择性培养基、加富培养基、鉴别培养基、孢子培养基、种子培养基、发酵培养基等。

　　固体培养基是在液体培养基中添加凝固剂制成的,常用的凝固剂有琼脂、明胶和硅酸钠。其中以琼脂最为常用,主要成分为多糖类物质,性质较稳定,一般微生物不能将其分解,故用作凝固剂而不致引起培养基化学成分变化。琼脂在 95℃ 的热水中才开始熔化,冷却到 45℃ 又重新凝固,因此用琼脂制成的固体培养基在一般微生物的培养温度范围内(25～37℃)不会熔化而是会保持固体状态。

三、实验材料

1. 培养基和试剂

牛肉膏、蛋白胨、NaCl、琼脂、可溶性淀粉、葡萄糖、K_2HPO_4、$MgSO_4 \cdot 7H_2O$、

KH_2PO_4、$FeSO_4 \cdot 7H_2O$、2％去氧胆酸钠、1％链霉素、KNO_3、0.1％孟加拉红、10％苯酚溶液、1mol/L NaOH、1mol/L HCl、柠檬酸钠、$NH_4H_2PO_4$、曲利苯蓝、0.5％$K_2Cr_2O_7$、溴百里酚蓝或溴甲酚紫(1.6％酒精溶液)。

2. 仪器和其他用具

高压蒸汽灭菌锅、无菌培养皿(80mm)、无菌玻璃涂棒、称量纸、试管架、药勺、棉塞、电子天平、玻璃棒、烧杯、pH试纸(pH5.5～9.0)、电磁炉、量筒、试管、三角烧瓶、牛皮纸(或报纸)、麻绳(或橡皮筋)等。

四、实验内容

培养基配制的一般步骤包括称量、熔化或溶解、调pH值、分装、加塞和包扎等。但不同的培养基配方不同、用途不同,具体的操作方法也会略有不同,下面以"实验四　土壤中细菌、放线菌、酵母菌及霉菌的分离纯化与计数"所需配制的培养基(牛肉膏蛋白胨培养基、高氏1号培养基、马丁氏培养基和酵母膏胨葡萄糖培养基)、"实验十九　常见的生理生化试验Ⅱ"所需配制的培养基(蛋白胨水培养基、葡萄糖蛋白胨水培养基、糖发酵培养基和柠檬酸盐培养基)、"实验二十三　淀粉酶产生菌的分离、筛选与鉴定"所需配制的培养基(淀粉筛选培养基)为例介绍培养基配制的原理和方法。

培养基配制
操作视频

培养基配制
思维导图

(一)牛肉膏蛋白胨培养基的制备

1. 实验原理

牛肉膏蛋白胨培养基是细菌学研究最常用的天然培养基,其中的牛肉膏可以为微生物提供碳源、磷酸盐和维生素,而蛋白胨主要提供氮源和维生素,NaCl提供的则是无机盐。不加琼脂的配方被称为肉汤培养基,加入琼脂配制的固体培养基则一般被用于细菌的分离、培养和计数等。

2. 配方及灭菌条件

牛肉膏	5g	蛋白胨	10g
NaCl	5g	琼脂	20.0g
蒸馏水	1000mL		

pH7.0

121℃,灭菌20min

3. 操作步骤

(1)称量:按培养基配方比例依次准确地称取各药品放入烧杯中。用玻璃棒挑取牛肉膏,放在小烧杯或表面皿中称量,用热水溶解之后倒入烧杯。也可将之放在称量纸上,称量后直接放入水中,这时如稍微加热牛肉膏便会与称量纸分离。立即取出纸片,蛋白胨很易吸潮,在称取时动作要迅速。另外,称药品时要严防药品混杂,一把药勺只能用于一种药品,或称取一种药品后,洗净、擦干再称取另一种药品,瓶盖也不要盖错。

（2）熔化或溶解：在上述烧杯中可先加入少于所需要的水量,用玻璃棒搅匀再加热使其熔化或溶解。琼脂熔化的过程中需不断搅拌,以防琼脂烧糊使烧杯破裂。琼脂遇水沸腾导致溢出烧杯时要及时添加少许冷水,待琼脂完全熔化后再补充水分到所需的总体积。

（3）调 pH 值：在未调 pH 值之前,先用精密 pH 试纸测定培养基的原始 pH 值,如果 pH 值偏酸,则需要用滴管向培养基中逐滴加入 1mol/L NaOH,边加边搅拌,并随时用玻璃棒蘸少许液体用 pH 试纸测其 pH 值,直至 pH 值达 7.0;反之,则需要用 1mol/L HCl 调节。注意,pH 值不要调过头,以避免回调,否则将会影响培养基内各离子的浓度。

（4）分装：将培养基分装于试管中,分装的试管数应视后续实验的需要而定,其余则分装于三角烧瓶中(分装要求见实验三)。

（5）加塞：分装培养基完毕后,在试管口或三角烧瓶口塞上棉塞(也可以用泡沫塑料塞,试管还可以用试管帽等),以阻止外界微生物进入培养基内而造成污染。另外,还需要保证良好的通气性能(棉塞制作方法见实验三)。

（6）包扎：试管加塞后,一般需要将多个试管放在一起,再在棉塞外包一层牛皮纸(或报纸),以防灭菌时冷凝水润湿棉塞,用一根麻绳将几根试管一起扎好(方便起见,可用橡皮筋代替)。给三角烧瓶加塞后,外包牛皮纸(或报纸),用麻绳以活结形式将之扎好(方便起见,可用橡皮筋代替)。应注明培养基名称、组别、配制日期。

（二）高氏 1 号培养基的制备

1. 实验原理

高氏 1 号培养基属于合成培养基,常被用于分离和培养放线菌,其以可溶性淀粉作为碳源,以 KNO_3 作为氮源,NaCl、$K_2HPO_4 \cdot 3H_2O$、$MgSO_4 \cdot 7H_2O$ 作为无机盐为微生物提供钠、钾、磷、镁、硫等离子,以 $FeSO_4 \cdot 7H_2O$ 作为微量元素为微生物提供铁离子。$K_2Cr_2O_7$ 可以有效地抑制土壤中细菌和真菌的生长,从而使放线菌在培养过程中更加突出,方便菌体的分离和纯化。

2. 配方及灭菌条件

可溶性淀粉	20g	$K_2HPO_4 \cdot 3H_2O$	0.5g
$MgSO_4 \cdot 7H_2O$	0.5g	$FeSO_4 \cdot 7H_2O$	0.01g
NaCl	0.5g	琼脂	20.0g
KNO_3	1g	蒸馏水	1000mL
$K_2Cr_2O_7$(0.5%)	10mL(临用前加入)		

pH7.2～7.4

121℃,灭菌 20min

3. 操作步骤

量取所需水量,取少量置于一小烧杯中,剩余置大烧杯中。将大烧杯在电炉上加热至水沸腾。称量可溶性淀粉置于小烧杯中,用少量冷水将淀粉调成糊状后加入沸水中,搅匀,继续加热,使可溶性淀粉完全溶化。依次加入其他药品(可先将微量成分 $FeSO_4 \cdot 7H_2O$ 配成高浓度的贮备液,按比例换算后再加入,方法是先在 100mL 水中加入 1g 的 $FeSO_4 \cdot 7H_2O$,配成 0.01g/mL 的溶液,再在 1000mL 培养基中加 1mL 的 0.01g/mL 的贮备液即可),定容,调 pH 值,将之分装于三角烧瓶中,加塞,包扎。

说明:如果制备的所有固体培养基都被分装在一个三角烧瓶中,则加入琼脂后不需加热熔化,只需在灭菌完成后拿出来摇匀即可。

(三)马丁氏培养基的制备

1. 实验原理

马丁氏培养基是一种用来分离真菌的选择性培养基,此培养基是由葡萄糖、蛋白胨、KH_2PO_4、$MgSO_4 \cdot 7H_2O$、孟加拉红(玫瑰红,rose bengal)和链霉素等组成。其中葡萄糖为主要碳源,蛋白胨为主要氮源,KH_2PO_4 和 $MgSO_4 \cdot 7H_2O$ 为无机盐(可以为微生物提供钾、磷和镁离子),而孟加拉红和链霉素是细菌和放线菌的抑制剂,对真菌则无抑制作用,因此真菌在这种培养基上可以得到生长优势。需要计数时,通常可以加入 2% 去氧胆酸钠(它是一种表面活性剂,不仅能防止霉菌菌丝蔓延,还可抑制 G^+ 细菌生长)。

2. 配方及灭菌条件

KH_2PO_4	1.0g	$MgSO_4 \cdot 7H_2O$	0.5g
蛋白胨	5.0g	葡萄糖	10.0g
孟加拉红(1%)	3.3mL	琼脂	20.0g
蒸馏水	1000mL		
1%链霉素	3.3mL(临用前过滤除菌后加入)		
2%去氧胆酸钠	20mL(临用前过滤除菌后加入)		

自然 pH(溶液配制后由其成分自然反应形成的 pH)

121℃,灭菌 20min

3. 操作步骤

此培养基在之后的实验中不需要分装斜面,只要求分装于三角烧瓶中,将来倒平板用,所以可直接将该配方中除链霉素和去氧胆酸钠以外的各成分加入三角烧瓶,加塞,包扎后灭菌。灭菌后冷至 60℃ 左右,或者下次实验临用前将灭好菌的培养基加热熔化后冷至60℃,加入过滤除菌后的 1% 链霉素和 2% 去氧胆酸钠,迅速混匀。

(四)酵母膏胨葡萄糖培养基的制备

1. 实验原理

酵母膏胨葡萄糖培养基也叫酵母浸出粉胨葡萄糖琼脂培养基(YPD),常被用于酵母菌的培养。蛋白胨能提供碳源和氮源,酵母膏粉能提供 B 族维生素,葡萄糖能提供能源,链霉素能抑制细菌和放线菌的生长。

2. 配方及灭菌条件

酵母膏	10g	蛋白胨	20g
葡萄糖	20g	琼脂	20g
1%链霉素	3.3mL(临用前加入)		
蒸馏水	1000mL		

自然 pH

112℃,灭菌 30min

3. 操作步骤

(1)称量:按培养基配方比例依次准确地称取各药品放入烧杯中。

(2)熔化或溶解:可先在上述烧杯中加入少于所需要的水量,用玻璃棒搅匀,然后加热使其熔化或溶解。琼脂在熔化的过程中需不断搅拌,以防烧糊使烧杯破裂,或者遇水沸腾导致溢出烧杯,如后者发生则应及时添加少许冷水。待琼脂完全熔化后,补充水分到所需的总体积。

(3)分装:将培养基分装于试管中,分装的试管数应视后续实验的需要而定,其余则可分装于三角烧瓶中,加塞,包扎。

(五)蛋白胨水培养基的制备

1. 实验原理

蛋白胨可以提供碳氮源、维生素和生长因子;NaCl 能够维持均衡的渗透压;含有色氨酸酶的细菌能分解蛋白胨中的色氨酸,形成靛基质(吲哚)。靛基质无色,当加入对氨基苯甲酸试剂后会形成可见的红紫色醌式化合物,即玫瑰靛基质。

2. 配方及灭菌条件

蛋白胨	10g	NaCl	5g
蒸馏水	1000mL		

pH7.6

121℃,灭菌 20min

3. 操作步骤

直接将配方中的各成分加入烧杯中,用玻璃棒搅匀,也可略微加热以加速溶解,调 pH值,再分装于试管中,分装的试管数可以视后续实验的需要而定,加塞,包扎。

(六)葡萄糖蛋白胨水培养基的制备

1. 实验原理

蛋白胨能够提供碳氮源、维生素和生长因子;葡萄糖能够提供碳源和能源;NaCl 可以维持均衡的细胞渗透压。肠杆菌科的各菌属都能分解葡萄糖,在分解葡萄糖的过程中会产生丙酮酸,在进一步分解时会由于糖代谢途径的不同而产生乳酸、琥珀酸、醋酸和甲酸等大量酸性产物,可使培养基 pH 值下降至 4.5 以下,此 pH 值将使甲基红由黄变红,如加入甲基红试剂后培养基变红,则说明甲基红试验阳性。某些细菌在葡萄糖蛋白胨水培养基中能分解葡萄糖产生丙酮酸,丙酮酸缩合、脱羧成 3-羟基丁酮($CH_3\text{-}CO\text{-}CH_2\text{-}CH_2\text{-}OH$,乙酰甲基甲醇),而 3-羟基丁酮在碱性条件下用 α-萘酚催化后会生成二乙酰,二乙酰和培养基蛋白胨中精氨酸的胍基能生成红色化合物。

2. 配方及灭菌条件

蛋白胨	5g	葡萄糖	5g

NaCl	5g	蒸馏水	1000mL

pH7.0～7.2

112℃,灭菌 30min

3. 操作步骤

直接将配方中的各成分加入烧杯中,用玻璃棒搅匀,也可略微加热以加速溶解,调 pH 值。将培养基分装于试管中,分装的试管数应视后续实验的需要而定,加塞,包扎。

（七）糖发酵培养基的制备

1. 实验原理

不同细菌分解糖类的能力和代谢产物不同。

绝大多数细菌都能利用糖类作为碳源和能源,但是它们分解糖类物质的能力和产生的代谢产物有很大的差异。

培养基中加入了特定的某种糖(这里是葡萄糖),还加入了酸碱指示剂溴百里酚蓝(溴麝香草酚蓝)或溴甲酚紫。溴百里酚蓝在 pH 值小于 6.0 时呈黄色,pH 值在 6.0～7.0 时呈绿色,pH 值大于 7.0 时呈蓝色。溴甲酚紫在 pH 值小于 5.2 时呈黄色,pH 值在 5.2～6.8 时颜色由黄变紫,pH 值大于 6.8 时呈紫色。另外培养基还倒置了 1 个德汉氏小管(管口朝下)。细菌是否利用特定的糖产酸可通过培养基中溴百里酚蓝由蓝变绿变黄,或溴甲酚紫由紫变黄来证明。是否产酸的同时产气则可通过德汉氏小管有无气泡来证明。

2. 配方及灭菌条件

蛋白胨	10g	NaCl	5g
葡萄糖	2g	蒸馏水	1000mL

溴百里酚蓝或溴甲酚紫(1.6%酒精溶液)　　1mL

pH7.6

112℃,灭菌 30min

3. 操作步骤

将配方中除溴百里酚蓝(或溴甲酚紫)以外的成分加入烧杯中,用玻璃棒搅匀,也可略微加热以加速溶解,调 pH 值,再加入溴百里酚蓝(或溴甲酚紫)。分装于试管中,分装的试管数应视后续实验的需要而定,每个试管里面倒置 1 个德汉氏小管(管口朝下),加塞,包扎。

（八）柠檬酸盐培养基的制备

1. 实验原理

此培养基的作用是测定细菌是否具有利用柠檬酸盐为碳源的能力。该培养基中柠檬酸钠为唯一碳源。培养基中加入了溴百里酚蓝作为酸碱指示剂。某些细菌在分解培养基中的柠檬酸钠及磷酸二氢铵后会产生碱性化合物,使培养基的 pH 值升高,培养基呈碱性时将由绿变蓝。

2. 配方及灭菌条件

柠檬酸钠	2g	$NH_4H_2PO_4$	1g
K_2HPO_4	1g	$MgSO_4 \cdot 7H_2O$	0.2g
NaCl	5g	琼脂	20g

溴百里酚蓝(1.6%酒精溶液)　　1mL

蒸馏水　　1000mL

pH6.8

121℃,灭菌20min

3. 操作步骤

(1) 称量:将配方中除溴百里酚蓝以外的成分加入烧杯中。

(2) 熔化或溶解:在上述烧杯中可先加入少于所需要的水量,用玻璃棒搅匀,然后加热使其熔化或溶解。在琼脂熔化的过程中需不断搅拌,以防琼脂烧糊使烧杯破裂,在遇水沸腾导致溢出烧杯时可以及时添加少许冷水。待琼脂完全熔化后,补充水分到所需的总体积。

(3) 调 pH 值,加溴百里酚蓝:注意 pH 值不要过碱,以培养基呈黄绿色为准。

(4) 分装:将培养基分装于试管中,分装的试管数应视后续实验的需要而定,加塞,包扎。

(九) 淀粉筛选培养基的制备

1. 实验原理

此培养基中碳源为淀粉,某些细菌能够分泌淀粉酶(胞外酶),淀粉酶可以将淀粉水解为麦芽糖和葡萄糖,再供细菌利用。曲利苯蓝(蓝色)指示剂对淀粉等大分子有很强的亲和能力,因而含有淀粉的鉴别培养基呈蓝色。如果平板上生长的菌能分泌淀粉酶,则淀粉酶可以将菌落周围的淀粉大分子水解为小分子物质,而曲利苯蓝与小分子物质结合能力很弱,菌落周围的曲利苯蓝将被较远的淀粉大分子吸走,导致菌落周围出现透明圈,因此可根据菌落周围有无透明圈作为标志鉴别平板上的菌是否产生了淀粉酶。

2. 配方及灭菌条件

蛋白胨	10g	牛肉膏	3g
NaCl	5g	可溶性淀粉	20g
琼脂	20g	曲利苯蓝	0.005%
蒸馏水	1000mL		

pH7.0

121℃,灭菌20min

3. 操作步骤

量取所需水量,将少量水置于一小烧杯中,剩余置于大烧杯中,将大烧杯在电炉上加热至水沸腾。称量可溶性淀粉置于小烧杯中,用少量冷水将淀粉调成糊状后加入大烧杯内沸水中,搅匀。依次加入其他药品,调 pH 值,每 1000mL 培养基中加入 2mL 0.025g/mL 的曲利苯蓝溶液,完成后倒入三角烧瓶中,加塞,包扎后灭菌。

注意事项

（1）称量好某种样品后，药勺要擦干净放回原处，试剂瓶要及时盖好。

（2）称取药品时应严防药品混杂，一把药勺只能称一种药品。

（3）蛋白胨极易吸湿，称取时动作要迅速。

（4）分装时注意不要使培养基沾染在管口或瓶口，以免浸湿棉塞，引起污染。

（5）pH值不要调过头，以避免回调而影响培养基内各离子的浓度。

（6）熔化琼脂时要不断搅拌，以免琼脂烧糊，还应控制火力以防止沸腾外溢。

（7）要严格按照培养基配方配制。

五、思考题

（1）完成培养基配制后为什么必须立即灭菌？

（2）若不能及时灭菌应如何处理？应如何进行已灭菌培养基的无菌检查？

习题解答

实验三

灭菌物品的准备及灭菌

一、目的要求

(1) 了解高压蒸汽灭菌的原理。

(2) 学习并掌握高压蒸汽灭菌的操作。

(3) 学习并掌握灭菌物品的准备工作。

二、实验原理

灭菌是用物理或化学的方法来杀死或除去物品上或环境中所有微生物的工作。消毒是用物理或化学的方法杀死物体上绝大部分微生物(主要是病原微生物和有害微生物)。消毒实际上是部分灭菌。

在微生物实验、生产和科研工作中,需要进行纯培养时往往不能有任何杂菌,因此,对所用器材、培养基要进行严格灭菌,对工作场所要进行消毒,以保证工作顺利进行。

实验室常用灭菌方法主要有干热灭菌法、湿热灭菌法、射线灭菌法等,下文将主要介绍干热灭菌法和高压蒸汽灭菌法(湿热灭菌法)。

1. 干热灭菌法

干热灭菌法是用干燥热空气(170℃)杀死微生物的方法。玻璃器皿(如吸管、平板等)、金属用具等不适合用其他方法灭菌而又能耐高温的物品都可用此法灭菌。培养基、橡胶制品、塑料制品等不能用干热灭菌法。干热灭菌法使用的电热干燥箱的外观和结构如图 3-1 所示。

干热灭菌法的操作步骤如下。

(1) 装箱:将准备灭菌的玻璃器皿洗涤干净、晾干,用纸包裹好后放入灭菌的长铁盒(或铝盒)内,放入电热干燥箱内,关好箱门。

(2) 灭菌:接通电源,打开电热干燥箱排气孔,等温度升至 80～100℃时关闭排气孔,继续升温至 160～170℃时开始计时,恒温 1～2h。

(3) 灭菌结束后,断开电源,自然降温至 60℃后打开箱门,取出物品放置备用。

注意事项

(1) 灭菌物品不能堆得太满、太紧,以免影响温度均匀上升。

(2) 灭菌物品不能直接放在电热干燥箱底板上,以防止包纸被烘焦。

(3) 灭菌温度恒定在 160～170℃为宜,温度过高则纸和棉花会被烤焦。

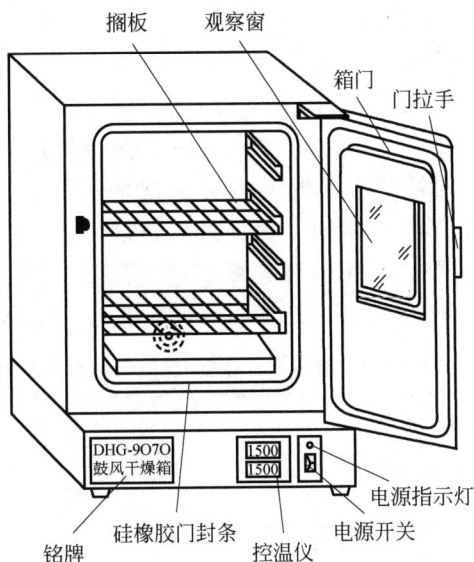

图 3-1　电热干燥箱的外观和结构

（4）降温时应待温度自然降至 60℃ 以下再打开箱门取出物品，以免因温度过高而骤然降温导致玻璃器皿炸裂。

2. 高压蒸汽灭菌法

高压蒸汽灭菌是将待灭菌的物品放在一个密闭的加压灭菌锅内，通过加热，使灭菌锅隔套间的水沸腾而产生蒸汽灭菌的方法。待水蒸气急剧地将锅内的冷空气从排气阀中驱尽，然后关闭排气阀，继续加热，此时由于蒸汽不能溢出，会增加灭菌锅内的压力，从而使沸点增高到高于 100℃，可以使菌体蛋白质凝固变性，达到灭菌的目的。

在同一温度下，湿热的杀菌效力比干热大，其原因有三：一是湿热环境中细菌菌体会吸收水分，使蛋白质较易凝固，而蛋白质含水量增加会使凝固温度降低（表 3-1）；二是湿热的穿透力比干热大（表 3-2）；三是湿热的蒸汽有潜热存在，1g 水在 100℃ 时由气态变为液态时可放出 2.26kJ 的热量。这种潜热能迅速提高被灭菌物体的温度，从而增加灭菌效力。

表 3-1　蛋白质含水量与凝固所需温度的关系

卵清蛋白含水量 /%	30min 内凝固所需温度 /℃
50	56
25	74~80
18	80~90
6	145
0	160~170

表 3-2　干热与湿热穿透力及灭菌效果比较

温度 /℃	时间 /h	透过布层的温度 /℃			灭菌
		20 层	40 层	100 层	
130~140（干热）	4	86	72	70.5	不完全
105.3（湿热）	3	101	101	101	完全

在使用高压蒸汽灭菌锅灭菌时,灭菌锅内冷空气是否完全排出极为重要,因为空气膨胀压大于水蒸气的膨胀压,所以,当水蒸气中含有空气时,在同一压力下,含空气的蒸汽温度会低于饱和蒸汽的温度。灭菌锅内留有不同分量空气时,压力与温度的关系见表 3-3。一般培养基用 $1.05kg/cm^2$,121.3℃灭菌 15～30min 可达到彻底灭菌的目的。灭菌的温度及维持的时间随灭菌物品的性质和容量等具体情况而有所改变。例如,含糖培养基用 $0.56kg/cm^2$,112.6℃灭菌 15min,但为了保证效果,可将其他成分先行以 121.3℃,灭菌 20min,然后按无菌操作规范加入灭菌的糖溶液。又如盛于试管内的培养基以 $1.05kg/cm^2$,121.3℃灭菌 20min 即可,而盛于大瓶内的培养基最好以 $1.05kg/cm^2$,121.3℃灭菌 30min。

表 3-3　灭菌锅内留有不同分量空气时,压力与温度的关系

压力数/ (kg/cm^2)	全部空气排出 时的温度/℃	2/3 空气排出 时的温度/℃	1/2 空气排出 时的温度/℃	1/3 空气排出 时的温度/℃	空气全不排出 时的温度/℃
0.35	108.8	100	94	90	72
0.70	115.6	109	105	100	90
1.05	121.3	115	112	109	100
1.40	126.2	121	118	115	109
1.75	130.0	126	124	121	115
2.10	134.6	130	128	126	121

三、实验材料

1. 培养基

实验二配制的各种培养基。

2. 仪器和其他用具

250mL 的三角烧瓶、玻璃珠、10mL 的离心管、棉塞(硅胶塞)、棉花、麻绳、橡皮筋、纱布、烧杯、量筒、培养基分装器、高压蒸汽灭菌锅等。

灭菌物品的
准备操作视频

灭菌物品的
准备思维导图

四、实验内容

1. 灭菌物品的准备

配制好的培养基要分装在不同的容器中包扎后灭菌,实验过程中需用到的灭菌物品往往也需要一起灭菌,这些灭菌物品也要经过灭菌前的一些准备工作。

(1) 培养基的分装。固体培养基一般分装在三角烧瓶或试管里,分装在三角烧瓶里的培养基灭菌后往往是要倒平板的,分装量一般不超过其容积的一半,分装时往往直接从烧杯里倒入三角烧瓶。分装在试管里的培养基灭菌后是要摆斜面的,分装量为试管高度的 1/5～1/4。分装于试管时可以直接从烧杯里倒入试管,还可以借用一些装置,如图 3-2 所示。为了

扩大接种面积,有些固体培养基也可分装在克氏瓶等其他容器中。

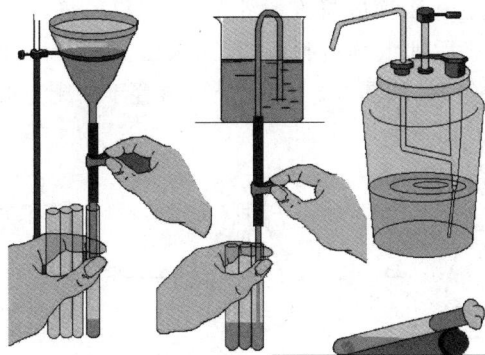

图 3-2 培养基分装于试管的装置

　　液体培养基一般也分装在三角烧瓶或试管里。分装在试管里的分装量以容器高度的 1/4 左右为宜;分装在三角烧瓶里的量则根据需要而定,一般以不超过三角烧瓶容积的 1/2 为宜,如果是用于振荡培养,则应根据通气量的要求酌情减少。有的液体培养基在灭菌后还需要补加一定量的其他无菌成分(如抗生素等),此时分装量一定要准确。

　　半固体培养基一般应分装在试管里,分装量约为试管高度的 1/3,灭菌后垂直待凝。

注意:分装过程中,不要使培养基沾在管(瓶)口上,以免玷污棉塞而引起污染。

　　(2)加塞。培养基分装完毕后,应在试管口或三角烧瓶口塞上棉塞(棉塞制作方式见图 3-3),也可以用硅胶塞(见图 3-4)、试管帽等,但试管帽的操作手感、通气、防污效果等都不如棉塞。

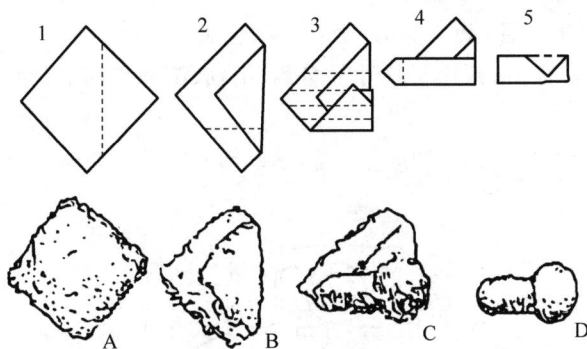

图 3-3 棉塞的制作

注:必须是棉花,切勿用脱脂棉。

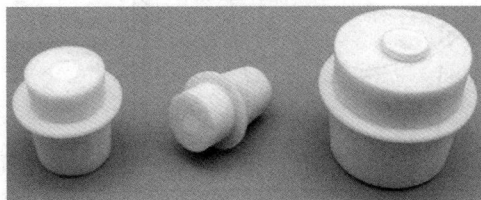

图 3-4 硅胶塞

　　许多微生物在摇床上振荡培养时需要有良好的通气状态,所使用的三角烧瓶塞常需要用8层纱布制备成通气塞。灭菌前应将方形纱布盖在瓶口,将其中间部位用手指塞入瓶口内,再将四角折叠成塞子状后加纸套包扎好,然后灭菌。接入菌种后,将棉塞状纱布拉开,包扎在瓶口外即可制成通气塞,如图3-5所示,最后再置于摇床上振荡培养。

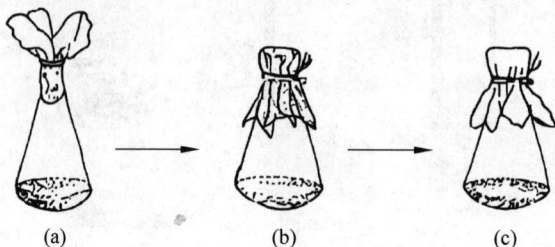

图 3-5　通气塞

(a) 配制时纱布塞法;(b) 灭菌时包牛皮纸;(c) 培养时纱布翻出

　　(3) 包扎。三角烧瓶加塞后,在棉塞外还需要包上一层牛皮纸或双层报纸再扎紧;试管加塞后,应将多只试管成捆扎牢,在棉塞外包一层牛皮纸或双层报纸再扎紧。最后,应贴上标签,注明培养基名称、组别、配制日期等。

　　(4) 其他灭菌物品的准备如下。

　　① 每组准备1mL枪头1盒。

　　② 每组包装18个培养皿。

　　③ 每组准备1个250mL三角烧瓶,装99mL水,加10粒玻璃珠,加塞、包装。

　　　 每组准备1个250mL三角烧瓶,装95mL水,加10粒玻璃珠,加塞、包装。

　　④ 每组准备6个离心管,装4.5mL水,加塞、包装。

　　所有物品都要贴好标签,并注明培养基名称、组别、配制日期等信息。

2. 灭菌

灭菌锅结构如图3-6所示,灭菌操作步骤如下。

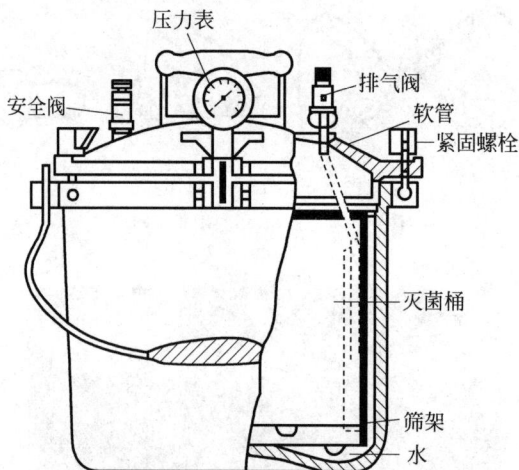

图 3-6　手提式高压蒸汽灭菌锅结构

（1）首先将内层灭菌桶取出，再向外层锅内加入适量的水，使水面与三角搁架相平为宜。

（2）放回灭菌桶，并装入待灭菌物品。注意不要装得太挤，以免妨碍蒸汽流通而影响灭菌效果。三角烧瓶与试管的口端均不要与桶壁接触，以免冷凝水淋湿包口的纸而透入棉塞。

（3）加盖，并将盖上的排气软管插入内层灭菌桶的排气槽内，再以两两对称的方式同时旋紧相对的两个紧固螺栓，使螺栓松紧一致，勿使漏气。

（4）用电炉或煤气加热并同时打开排气阀，使水沸腾以排除锅内的冷空气。待冷空气完全排尽后关上排气阀，让锅内的温度随蒸汽压力增加而逐渐上升。当锅内压力上升到所需压力时，控制热源，维持压力至所需时间。本实验用 $1.05 kg/cm^2$，$121.3℃$，灭菌 20min。

（5）灭菌所需时间完成后，切断电源或关闭煤气，让灭菌锅内温度自然下降，当压力表（见图 3-7）的压力降至 0 时，打开排气阀，旋松紧固螺栓，打开盖子，取出灭菌物品。若在压力未降到 0 时打开排气阀，锅内压力会突然下降，使容器内的培养基由于内外压力不平衡而冲出烧瓶口或试管口，造成棉塞沾染培养基而发生污染。

（6）将取出的灭菌培养基放入 37℃ 温箱培养 24h，检查之，若无杂菌生长即可待用。

图 3-7　压力表

注意事项

（1）注意加水。

（2）冷空气须彻底排除。

（3）压力降为 0 时方可打开。

LDZX 型立式压力蒸汽　　　高压蒸汽灭菌　　　高压蒸汽灭菌

灭菌器的操作指南　　　　操作视频　　　　思维导图

3. 摆斜面

所有试管装的固体培养基灭完菌后都要摆斜面。

将灭菌后的试管冷至 55℃ 左右（以防斜面冷凝水太多），将试管口端搁在移液管或其他合适高度的器具上，搁置的斜面长度以不超过试管总长的 1/2 为宜（见图 3-8）。

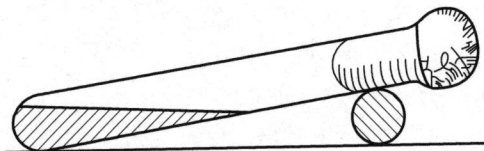

图 3-8　摆斜面

4．倒平板

所有三角烧瓶装的固体培养基灭完菌后都可拿出后摇匀,直接倒平板备用或冷藏待使用前熔化后倒平板。

当培养基冷至 55℃左右时,右手持装有培养基的三角烧瓶,用左手取出瓶塞,放到右手小手指、无名指和手掌之间,将管口在火焰上旋转过火几次,使管口始终置于无菌圈范围。用左手小指头、无名指、中指托住培养皿底部,用食指和大拇指夹住培养皿盖,将培养皿盖在火焰附近打开一个小口,然后将培养基往培养皿里倒约 15mL(见图 3-9),盖上培养皿盖,将培养皿沿着桌子边沿平推进桌面放好,轻轻晃动培养皿,使培养基均匀分布在培养皿底部,冷凝后即为平板。

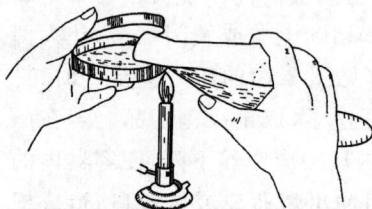

图 3-9　倒平板

五、思考题

(1) 在高压蒸汽灭菌开始之前为什么要将锅内冷空气排尽?

(2) 灭菌完毕后,为什么要待压力降低到 0 时才能打开排气阀开盖取物?

(3) 为什么灭菌完成后要及时摆斜面并最好能将平板倒好?

(4) 在使用高压蒸汽灭菌锅灭菌时,怎样才能杜绝一切不安全的因素?

习题解答

实验四

土壤中细菌、放线菌、酵母菌及霉菌的分离纯化与计数

一、目的要求

(1) 学习掌握细菌、放线菌、酵母菌及霉菌的稀释分离技术、划线分离技术。

(2) 学习从样品中分离、纯化出所需菌株的方法。

(3) 学习并掌握平板涂布法、倾注法和斜面接种技术,了解细菌、放线菌、酵母菌及霉菌四大类微生物的培养条件和培养方法。

(4) 学习平板菌落计数法。

二、实验原理

1. 分离、纯化原理

在自然界中,不同种类的微生物绝大多数都是混杂地生活在一起的,为了生产和科学研究的需要,当人们希望获得某一种微生物时,就必须从混杂的微生物类群中分离出它,以得到只含有这一种微生物的纯培养物,这种获得纯培养物的方法被称为微生物的分离与纯化。

分离、纯化的基本原理是挑取由单个细胞繁殖而来的菌落(单菌落)进行培养,目的是获得由一个细胞繁殖而来的纯系。

(1) 用固体培养基分离纯培养物。

需要采用平板涂布法、倾注法或划线法获得单菌落。

平板涂布法:使用较多的常规方法,但有时可能涂布不均匀。

倾注法:操作相对麻烦,对好氧菌、热敏感菌效果不好,主要用于产孢子的放线菌和霉菌的分离纯化。

平板涂布法、倾注法还可以进行菌落计数。

平板涂布法和倾注法的操作过程比较如图 4-1 所示。

在不需计数而只是想分离某种菌时,可以考虑通过平板划线来得到单菌落,即用接种环取菌悬液在琼脂平板表面划线,通过划线在平板上稀释样品,培养后就能形成单菌落。

(2) 单细胞(孢子)分离。

毛细管法:用毛细管提取微生物个体,适合于较大微生物。

显微操作仪:用显微针、钩、环等挑取单个细胞或孢子以获得纯培养物。

小液滴法：将经过适当稀释后的样品制成小液滴，在显微镜下选取只含一个细胞的液滴来进行纯培养物的分离。

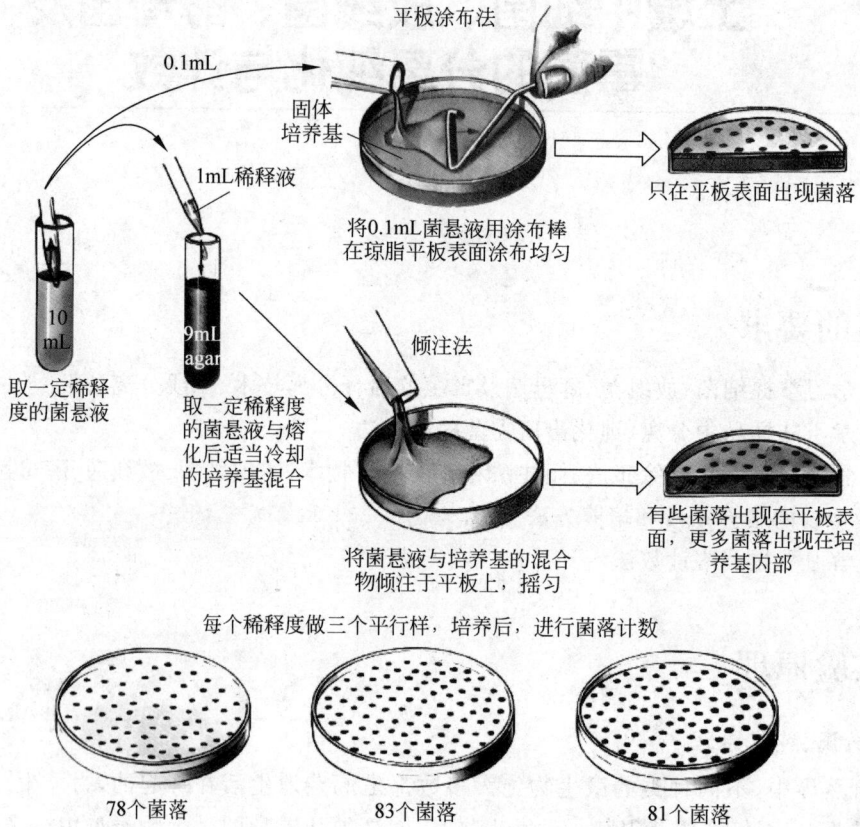

图 4-1　平板涂布法和倾注法操作过程比较

2. 菌落计数原理

平板菌落计数法是将待测样品适当稀释之后，使其中的微生物充分分散成单个细胞，取一定量的稀释样液接种到平板上，经过培养，由每个单细胞生长繁殖而形成肉眼可见的菌落，即一个单菌落应代表原样品中的一个单细胞（见图 4-2）。统计菌落数时根据稀释倍数和取样接种量即可换算出样品中的含菌数。但是，由于待测样品往往不易被完全分散成单个细胞，所以，长成的一个单菌落也可来自样品中的 2～3 个或更多细胞。因此，平板菌落

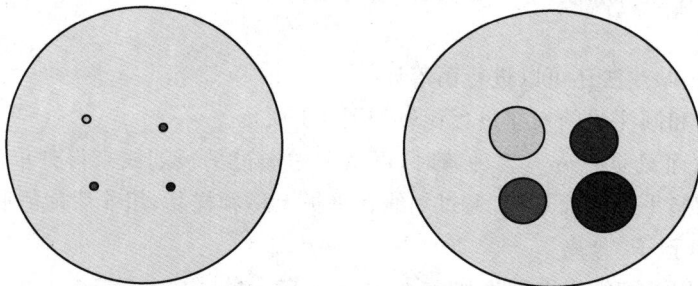

图 4-2　菌落计数(分离纯化)原理

计数的结果往往偏低。为了清楚地阐述平板菌落计数的结果,现在已倾向使用菌落形成单位(colony forming unit,CFU)而不以绝对菌落数来表示样品的活菌含量。

平板菌落计数法虽然操作较烦琐,结果需要培养一段时间才能取得,而且测定结果易受多种因素的影响,但是,该计数方法的最大优点是可以获得活菌的信息,所以被广泛用于生物制品检验(如活菌制剂),以及对食品、饮料和水(包括水源水)等的含菌指数或污染程度的检测。在有条件时,还可以借助自动菌落计数仪使计数结果更加快速和准确。

3. 土壤中四大类微生物的分离纯化与计数

土壤中常见的微生物有细菌、放线菌、酵母菌及霉菌,这四大类微生物的分离培养条件和方法如表 4-1 所示。

表 4-1　土壤四大类微生物的分离培养条件和方法

样品来源	分离对象	分离方法	稀释度	培养基	培养温度/℃	培养时间/d
土样	细菌	稀释分离	10^{-5}、10^{-6}、10^{-7}	牛肉膏蛋白胨	30~37	1~2
土样	放线菌	稀释分离	10^{-3}、10^{-4}、10^{-5}	高氏 1 号	28	5~7
土样	酵母菌	稀释分离	10^{-4}、10^{-5}、10^{-6}	酵母膏胨葡萄糖或豆芽汁葡萄糖	28~30	2~3
土样	霉菌	稀释分离	10^{-2}、10^{-3}、10^{-4}	马丁氏	28~30	3~5

注:土壤的类型、位置、季节、天气不同,土壤中四大类微生物浓度会有变化,相应的稀释度也会有所变化。

从土壤中分离某种微生物的过程可以分为稀释样品、平板接种、菌落计数和转接培养 4 步(见图 4-3)。

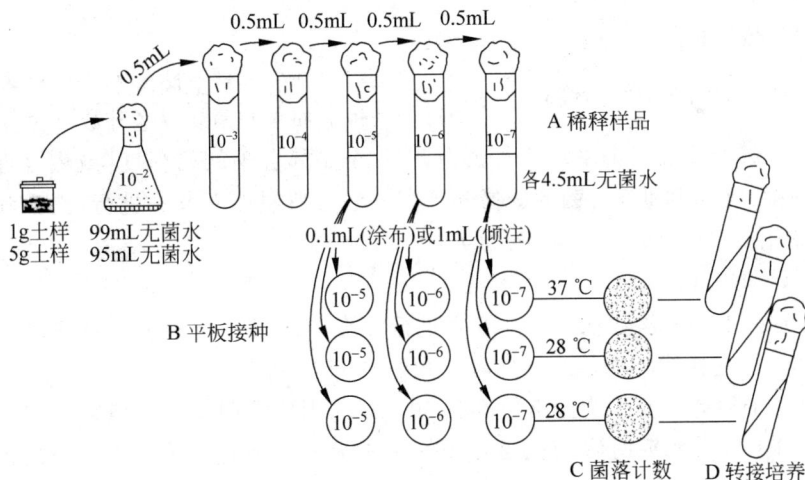

图 4-3　土壤中分离某种微生物的过程

(1) 菌落计数的理想状态。

对于一个平板来说,理想的计数状态是菌落分布均匀,每皿细菌、放线菌、酵母菌的菌落数以 30~300 个为宜,霉菌菌落以 10~100 个为宜,此时要严格计算平板里所有的菌落;平板菌落数大于 300 个的可选择有代表性的 1/8~1/4 区域粗略计数;无明显界限的链状菌落可记作一个菌落,有界限则按照界限计数;当部分菌落连成一片而可计数的菌落所占面积多于半个平板时,可以计半个平板数后乘以 2 以之作为该平板菌落数;如果可计数的菌落所占面积少于半个平板,则该平板不可以用来计数。在记下各平板菌落数后,应算出同一稀释度的平均菌数(有几个平板计数结果就用几个数计算平均值),供下一步计算时使用。

对于相同浓度的三个培养皿,理想的状态是三个培养皿的菌落数相近。对于不同浓度的培养皿,因为浓度间呈 10 倍关系,所以同一浓度的三个培养皿的平均菌落数也应该是 10 倍关系,如图 4-4 所示。但实际操作中,有时也会出现平均菌落数梯度关系和浓度梯度不符的情况(实验误差)。三个稀释度分别对应三个平均菌落数,故可选出一个最合理的稀释度(或最合理的平均菌落数),将其对应的平均菌落数或稀释度代入公式中,计算出每克样品中微生物的活细胞数(CFU/g)。

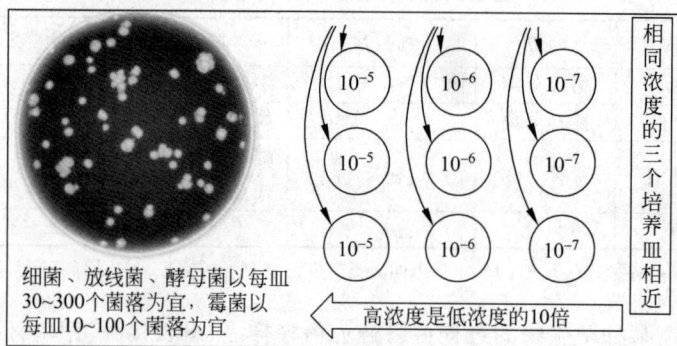

图 4-4　菌落计数的理想状态

菌落计数公式如下。

$$每克样品中微生物的活细胞数(CFU/g)=\frac{某一稀释度的平板上菌落平均数×稀释倍数}{每个平板上加入的菌悬液毫升数×含菌样品克数}$$

那么,三个稀释度和三个平均菌落数中,哪一个是最合理的稀释度(或最合理的平均菌落数)呢?细菌、放线菌和酵母菌的选择和计算方法可参照如下方法进行(选择和计算霉菌时可以将方法中的 30 改为 10、300 改为 100)。

(2)菌落计数方法。

① 首先选择平均菌落数在 30～300 者进行计算,当只有一个稀释度的平均菌落数符合此范围时,即可用它作为平均值乘其稀释倍数(表 4-2 中例 1)。

② 若有两个稀释度的平均菌落数都在 30～300,则应按两者的比值来决定。若其比值小于 2,则应选取两者的平均数(表 4-2 中例 2);若大于 2,则应选取其中较小的数字(表 4-2 中例 3)。

③ 如果所有稀释度的平均菌落数均大于 300,则应选择稀释度最高的平均菌落数乘以稀释倍数(表 4-2 中例 4)。

④ 若所有稀释度的平均菌落数均小于 30,则应选择稀释度最低的平均菌落数乘以稀释倍数(表 4-2 中例 5)。

⑤ 如果全部稀释度的平均菌落数均不在 30～300,则应选择最接近 300 或 30 的平均菌落数乘以稀释倍数(表 4-2 中例 6)。

表 4-2　菌落计数方法举例

例次	不同稀释度的平均菌落数			两个稀释度菌落数之比	菌落总数/(CFU/g)	备　　注
	10^{-1}	10^{-2}	10^{-3}			
1	1360	164	20	—	16 400 或 1.6×10^4	采用科学记数法时,只取前两位数字后面的数字应四舍五入处理
2	2760	295	46	1.6	37 750 或 3.8×10^4	
3	2890	271	60	2.2	27 100 或 2.7×10^4	
4	无法计数	4651	513	—	513 000 或 5.1×10^5	
5	27	11	5	—	270 或 2.7×10^2	
6	无法计数	305	12	—	30 500 或 3.1×10^4	

注：菌落总数以土样为 1g，每个平板上加入 1mL 菌液为例计算。

4. 关于实验设计的几点说明

（1）为了学习平板涂布法和倾注法两种菌落计数的方法,细菌和酵母菌可以采用平板涂布法,有孢子的霉菌和放线菌可以采用倾注法。

（2）本实验需要采样土壤,可以按照需要量称量土壤得到样本。为了计算方便,实验一般取 1g（公式中含菌样品克数为1）土样加入 99mL 无菌水,就制成了 10^{-2} 的稀释液。但本实验希望能扩展到所有样品的菌落计数中,有些采样[如某些动物粪便、肠道壁样品（用于肠道壁共生微生物研究）]很难取到整数的样品,这时样品的对应质量是需要被代入公式的分母中参与计算的,为了让读者认识到这点,本实验特意取 5g 样品放入 95mL 无菌水中,制成 5×10^{-2} 的稀释液（图中也以 10^{-2} 表示）,最后计算时,必须将这 5g 代入公式进行计算。

（3）本实验四大类微生物实验过程中的稀释样品、平板接种、菌落计数部分可将班级分成 8 组,每类微生物分配两组来做,转接培养部分则可分为 3～4 人一组,每组都需要从四类微生物分离平板中挑选某个菌落转接培养作为后续实验的自接菌种。

三、实验材料

1. 样品

某花卉、蔬菜、果园、农作物基地的土壤（铲去表土层 2～3cm 后取土壤）。

2. 培养基和试剂

（1）培养基。牛肉膏蛋白胨培养基、高氏 1 号培养基、马丁氏培养基（链霉素、孟加拉红、去氧胆酸钠）、酵母膏胨葡萄糖培养基（也可以选择豆芽汁葡萄糖培养基）。

（2）试剂。

① 无菌水。250mL 三角烧瓶装 99mL 无菌水,250mL 三角烧瓶装 95mL 无菌水（霉菌用）,每瓶装 10 粒玻璃珠。每组 5 支离心管,装 4.5mL 无菌水。

② 其他试剂。10% 苯酚溶液、2% 去氧胆酸钠、1% 链霉素。

3. 仪器和其他用具

无菌培养皿、无菌玻璃涂棒、涂布酒精、称量纸、试管架、药勺、接种环等。

四、实验内容

本书基础实验部分以课题(某土壤四大类微生物计数、分离纯化与鉴定)将所有的实验连贯起来。本实验是这个课题中最重要的部分,不仅对土壤中细菌、放线菌、酵母菌和霉菌四大类微生物进行菌落计数,还为后续四大类微生物相关实验分离自接菌种,本实验包括了四大类微生物的菌落计数和分离菌种的内容。各学校可根据后续自己的实验安排选做细菌、放线菌、酵母菌和霉菌中的一类或者几类,如果不需要为后续实验提供待鉴定的自接菌种,也可以省去计数后的操作。

1. 细菌的稀释分离和计数

(1)稀释样品。称取 1g 土样,在火焰旁将之加入有 99mL 无菌水的三角烧瓶中,振荡 $10\sim20$ min,制成 10^{-2} 的稀释液。再用移液枪在 10^{-2} 的稀释液中吹吸 3 次,然后从 10^{-2} 稀释液里取 0.5mL,加入标有 10^{-3} 的 4.5mL 无菌水中,在手上敲打并上下翻转 $20\sim30$ 次,充分混匀,制成 10^{-3} 倍液。依次制成 10^{-4}、10^{-5}、10^{-6}、10^{-7} 倍液。

(2)涂布法分离细菌并计数。取牛肉膏蛋白胨培养基,熔化并倒平板(9 个),在培养皿上贴标签,分别标上 10^{-5}、10^{-6}、10^{-7},每种浓度设三个重复,标签上同时注明细菌、组别、班级等信息。

待培养基冷却后每皿分别对应加入 0.1mL 的 10^{-5}、10^{-6}、10^{-7} 的稀释液,用无菌玻璃涂棒自平板中央均匀向四周涂布稀释液(见图 4-5)。冷凝后 37℃ 倒置培养 $24\sim48$h,计数;每组每人挑取 9 个平板中某个细菌菌落(为了方便介绍,将之记为 A 菌落),于平板上以获得单菌落为目的进行平板划线(纯化)(见图 4-6);培养 $24\sim48$h 后,再每组每人挑取其中一个平板上的一个单菌落(B菌落)进行斜面划线(见图 4-7),37℃ 培养 24h 左右后保存,标签上注明自接细菌、组别、班级等信息。以此斜面培养物作为分离纯化的自接细菌进行后续的实验。

说明:实际的分离纯化往往需要以获得单菌落为目的进行平板划线(纯化)培养 5 代以上,考虑到实验周期,实验中只平板划线(纯化)培养 1 代。另外,为了使每个学生都进行斜面划线的操作,也为了使每组获得同一株自接细菌的多个斜面供后续实验所用,每组的所有成员都应从 B 菌落挑菌划 $1\sim2$ 个斜面进行培养。

平板涂布法
操作视频

平板涂布法
思维导图

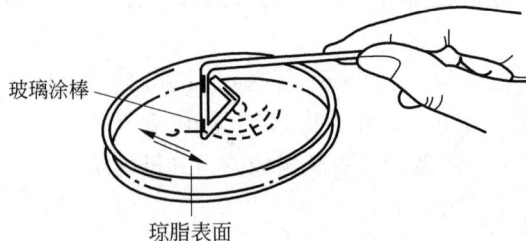

图 4-5   涂布法操作过程

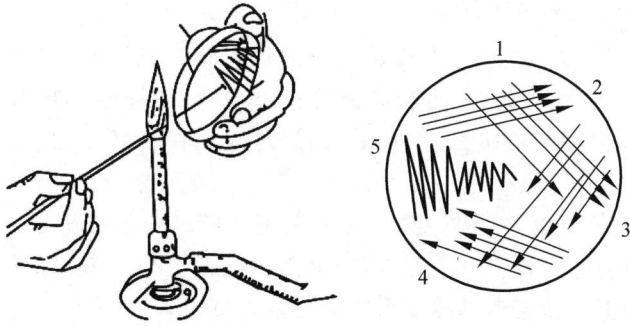

图 4-6　以获得单菌落为目的进行平板划线(纯化)

平板划线接种
操作视频

平板划线接种
思维导图

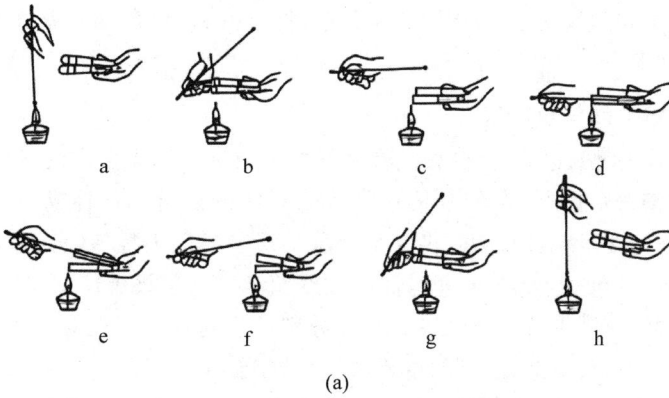

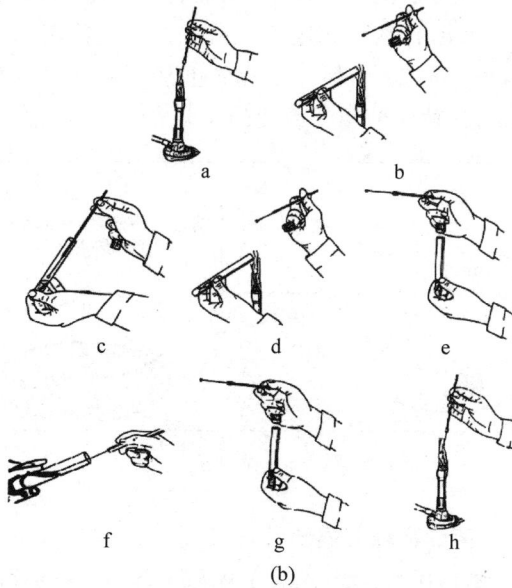

(a)

斜面划线接种
操作视频

斜面划线接种
思维导图

(b)

图 4-7　斜面划线操作过程
(a) 手持 2 根管的斜面划线操作；(b) 手持 1 根管的斜面划线操作

2. 酵母菌的稀释分离和计数

（1）稀释样品。称取 1g 土样，在火焰旁将之加入有 99mL 无菌水的三角烧瓶中，振荡 10～20min，制成 10^{-2} 的稀释液。再用移液枪在 10^{-2} 的稀释液中吹吸 3 次，然后从 10^{-2} 的稀释液里取 0.5mL 加入标有 10^{-3} 的 4.5mL 无菌水中，在手上敲打并上下翻转 20～30 次，充分混匀，制成 10^{-3} 倍液。依次制成 10^{-4}、10^{-5}、10^{-6} 倍液。

（2）涂布法分离酵母菌并计数。取酵母膏陈葡萄糖培养基熔化并倒平板（9 个），为培养皿贴上标签，分别标上 10^{-4}、10^{-5}、10^{-6}，每种浓度设三个重复，标签上同时注明"酵母菌"、组级、班级等信息。待培养基冷却后每皿分别对应加入 0.1mL 的 10^{-4}、10^{-5}、10^{-6} 的稀释液，用无菌玻璃涂棒自平板中央均匀向四周涂布。冷凝至 28℃ 后倒置培养 48～72h，计数。每组挑取某个乳白色、大而厚、外观较为稠密和不透明的菌落斜面划线，28℃ 培养 48h 后保存，标签上注明自接酵母菌、组别、班级等信息。此斜面培养物将被作为分离的自接酵母菌用于后续的实验。

3. 放线菌的稀释分离和计数

（1）稀释样品：称取 1g 土样，在火焰旁将之加入有 99mL 无菌水的三角烧瓶中，再加入 10 滴 10% 的苯酚溶液（抑制细菌的生长），振荡 10～20min，分别稀释成 10^{-3}、10^{-4}、10^{-5}。

（2）倾注法分离放线菌并计数：将 9 个无菌的培养皿贴上标签，分别标上 10^{-3}、10^{-4}、10^{-5}，每种浓度设三个重复，标签上同时注明放线菌、组别、班级等信息。

取 10^{-3}、10^{-4}、10^{-5} 三个稀释度各 1mL 分别注入对应的无菌培养皿中。再取高氏 1 号培养基将其熔化，加入适量 0.5% 的重铬酸钾（抑制细菌和真菌的生长），使之终浓度达到 50mg/L，摇匀，冷却至 45～50℃ 后倒入平板中，在桌面上轻轻摇动，静置于桌面（见图 4-8）。冷凝至 28℃ 后倒置培养 5～7d，计数。每组每人挑取某个放线菌单菌落于一平板上点种 3 处，28℃ 培养（平板倒置培养）5～7d 后保存。标签上注明自接放线菌、组别、班级等信息。此培养物可被作为分离的自接放线菌用于后续的实验。

平板倾注法
操作视频

平板倾注法
思维导图

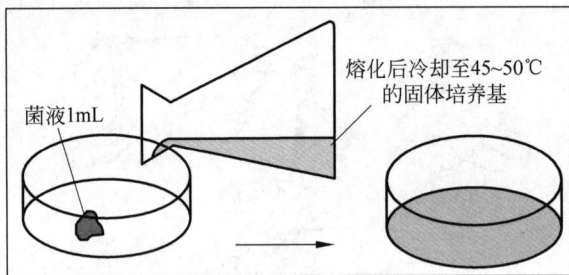

图 4-8   倾注法

菌液1mL

熔化后冷却至45~50℃
的固体培养基

4. 霉菌的稀释分离和计数

（1）稀释样品：称取 5g 土样加入有 95mL 无菌水的三角烧瓶中，振荡 10～20min，分别稀释至 10^{-3}、10^{-4}。

（2）倾注法分离霉菌并计数：将 9 个无菌的培养皿贴上标签，分别标上 10^{-2}、10^{-3}、10^{-4}，每种浓度设三个重复，标签上同时注明霉菌、组别、班级等信息。

取 10^{-2}、10^{-3}、10^{-4} 三个稀释度各 1mL 样品分别注入对应的无菌培养皿中。再取马丁氏培养基熔化,冷却至 $60℃$,以无菌操作加入过滤除菌的 2% 去氧胆酸钠和 1% 链霉素,迅速混匀,冷却至 $45\sim50℃$ 后,倒入平板中,在桌面上轻轻摇动,静置于桌面。每种浓度设三个重复。$28℃$ 倒置培养 $3\sim5d$,计霉菌菌落数,每组每人挑取某个菌落孢子少许,轻轻抖落于平板上或点种于平板中央,$28℃$ 倒置培养 $3\sim5d$ 后保存。在标签上注明自接霉菌、组别、班级等信息。此培养物将被作为分离的自接霉菌用于后续的实验。

特别提醒

马丁氏培养基配方中的链霉素和去氧胆酸钠不能由高压蒸汽灭菌,所以需要过滤除菌后,通过无菌操作加热到熔化后冷至 $60℃$ 的马丁氏培养基中,此时往往培养基的温度接近 $50℃$,所以必须迅速混匀,否则培养基凝固后就无法混匀了。

为 2% 去氧胆酸钠和 1% 链霉素过滤除菌,推荐使用一次性针头式过滤器(PES 聚醚砜,$0.22\mu m$)过滤。图 4-9 显示的是密理博(Millipore)一次性针头式过滤器,具体操作方法参见"一次性针头式过滤器进行小剂量溶液的过滤除菌操作方法"。

图 4-9　密理博(Millipore)一次性针头式过滤器

一次性针头式过滤器
进行小剂量溶液的
过滤除菌操作方法

注意事项

(1) 无菌操作的试管或三角烧瓶在开塞后及回塞之前,其口部应通过火焰 $2\sim3$ 次,去除可能附着于管口或瓶口的微生物。开塞后的管口及瓶口应尽量接近火焰,尽量平放,切忌口部向上及长时间暴露于空气中以防污染。

(2) 接种环(针)在每次使用前后均应在火焰上彻底灼烧灭菌。挑菌前,必须待接种环(针)冷却后才能使用。

(3) 倾注时琼脂培养基温度不得超过 $50℃$,以防损伤细菌或真菌。在倾注和摇动时,动作应尽量平稳,以利于细菌分散均匀、便于菌落计数。勿使培养基外溢,以免影响结果的准确性和造成环境污染。

(4) 涂布平板时应注意菌液的均匀分散。

五、实验报告

(1) 将细菌的计数结果填入表 4-3。

表 4-3　细菌的计数结果

浓　　度	平板 1	平板 2	平板 3	平均菌落数
10^{-5}				
10^{-6}				
10^{-7}				

依据计数结果,确定选取哪个平均菌落数和稀释倍数代入菌落计数公式。

采用涂布法,每个培养皿加入的菌悬液是 0.1mL,称取的土样为 1g,所以细菌的菌落计数公式如下。

$$每克样品中细菌的活细胞数(CFU/g) = \frac{某一稀释度的平板上菌落平均数 \times 稀释倍数}{每个平板上加入的菌悬液毫升数(0.1) \times 含菌样品克数(1)}$$

(2)将酵母菌的计数结果填入表 4-4。

表 4-4　酵母菌的计数结果

浓　度	平板 1	平板 2	平板 3	平均菌落数
10^{-4}				
10^{-5}				
10^{-6}				

依据计数结果,确定选取哪个平均菌落数和稀释倍数代入菌落计数公式。

酵母菌计数应采用涂布法,每个培养皿加入的菌悬液是 0.1mL,称取的土样为 1g,所以酵母菌的菌落计数公式为

$$每克样品中酵母菌的活细胞数(CFU/g) = \frac{某一稀释度的平板上菌落平均数 \times 稀释倍数}{每个平板上加入的菌悬液毫升数(0.1) \times 含菌样品克数(1)}$$

(3)将放线菌的计数结果填入表 4-5。

表 4-5　放线菌的计数结果

浓　度	平板 1	平板 2	平板 3	平均菌落数
10^{-3}				
10^{-4}				
10^{-5}				

依据计数结果,确定选取哪个平均菌落数和稀释倍数代入菌落计数公式。

放线菌计数应采用倾注法,每个培养皿加入的菌悬液是 1mL,称取的土样为 1g,所以放线菌的菌落计数公式为

$$每克样品中放线菌的活细胞数(CFU/g) = \frac{某一稀释度的平板上菌落平均数 \times 稀释倍数}{每个平板上加入的菌悬液毫升数(1) \times 含菌样品克数(1)}$$

(4)将霉菌的计数结果填入表 4-6。

表 4-6　霉菌的计数结果

浓　度	平板 1	平板 2	平板 3	平均菌落数
10^{-2}				
10^{-3}				
10^{-4}				

依据计数结果,确定选取哪个平均菌落数和稀释倍数代入菌落计数公式。

霉菌计数应采用倾注法,每个培养皿加入的菌悬液是 1mL,称取的土样为 5g,所以霉菌的菌落计数公式为

$$每克样品中霉菌的活细胞数(CFU/g)=\frac{某一稀释度的平板上菌落平均数\times稀释倍数}{每个平板上加入的菌悬液毫升数(1)\times含菌样品克数(5)}$$

六、思考题

(1) 在分离真菌时为什么要加链霉素(庆大霉素或氯霉素),而不加青霉素?

(2) 为什么在分离放线菌时要加入10%的苯酚溶液?

习题解答

实验五

细菌的简单染色及形态观察

一、目的要求

（1）学习为微生物涂片、染色的基本技术，掌握细菌的简单染色方法。

（2）初步认识细菌的显微形态特征。

（3）了解细菌的菌落特征。

二、实验原理

1. 简单染色法

简单染色法是利用单一染料对细菌进行染色的一种方法，此法操作简便（见图 5-1），适用于对菌体一般形状和细菌排列的观察。

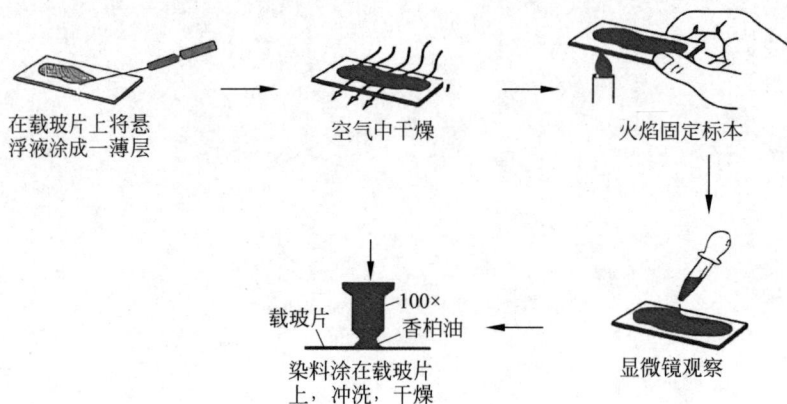

在载玻片上将悬浮液涂成一薄层 → 空气中干燥 → 火焰固定标本

载玻片 100× 香柏油 ← 染料涂在载玻片上，冲洗，干燥 ← 显微镜观察

图 5-1　简单染色过程

简单染色法常用碱性染料，这是因为：在中性、碱性或弱酸性溶液中，细菌细胞通常带负电荷，而碱性染料在电离时，其分子的染色部分带正电荷（酸性染料电离时，其分子的染色部分带负电荷），因此碱性染料的染色部分很容易与细菌结合，使细菌着色。经染色后的细菌细胞与背景形成鲜明的对比，在显微镜下更容易被识别。常用作简单染色的染料有：美蓝、结晶紫、碱性复红等。当细菌分解糖类产酸使培养基 pH 值下降时，细菌所带正电荷会增加，此时可用伊红、酸性复红或刚果红等酸性染料染色。

2. 油镜的使用原理

普通显微镜通常配置几种物镜,其中油镜的放大倍数最大,对微生物学研究最为重要。与其他物镜相比,油镜的使用比较特殊,需在载玻片与镜头之间滴加镜油,这主要有两方面的原因。

(1) 增加照明亮度:油镜的放大倍数为 100 倍,其焦距很短,但所需要的光照强度最大,从载玻片透过来的光线有些会因折射和反射而无法进入镜头,致使物像不清。为了不使光线损失,在使用油镜时需在镜头与载玻片之间加入与玻璃折射率相仿的镜油(香柏油)。

(2) 增加显微镜的分辨率:由于香柏油的折射率比空气和水的折射率要高,因此以香柏油为镜头与载玻片之间介质的油镜所能达到的数值孔径要高于低倍镜、高倍镜等干镜。

3. 细菌的菌落形态

将单个微生物细胞或一小堆同种细胞接种在固体培养基表面(有时为内部),当它占有一定的发展空间并能得到适宜的培养时,该细胞就会迅速生长繁殖,形成以母细胞为中心的一堆肉眼可见、有一定形态结构的子细胞集团,这就是菌落(colony)。大量密集接种的菌落连成一片即形成菌苔,如图 5-2 所示。

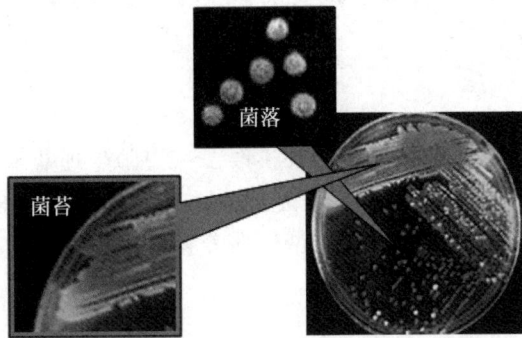

图 5-2　菌落和菌苔

描述菌落的特征包括大小、形状、隆起形状、边缘情况、表面状态、表面光泽、质地、颜色、透明度等,不同细菌的菌落特征各不相同(见图 5-3)。

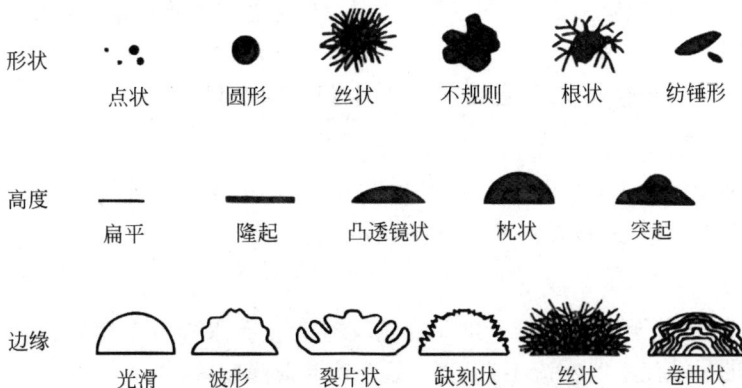

图 5-3　细菌的菌落特征

典型细菌菌落

但大多数细菌菌落具有菌落相对较小，表面光滑湿润，透明或半透明，质地均匀，正反面和边缘、中央部位的颜色均匀等共性。许多细菌在生长过程中会产生较多有机酸或蛋白质分解产物，以致菌落常散发出一股酸败味或腐臭味。

三、实验材料

1. 菌种

金黄色葡萄球菌（*Staphylococcus aureus*）、大肠杆菌（*Escherichia coli*）、自接细菌。

2. 试剂

吕氏碱性美蓝染液（或草酸铵结晶紫染液）、齐氏石炭酸复红染液、生理盐水。

3. 仪器和其他用具

显微镜、酒精灯、载玻片、接种环、双层瓶（内装香柏油和二甲苯）、擦镜纸等。

四、实验内容

1. 涂片

取两块载玻片，各滴一小滴（或用接种环挑取 1～2 环）生理盐水于载玻片中央，用接种环以无菌操作的方式分别从金黄色葡萄球菌、大肠杆菌、自接细菌斜面上挑取少许菌苔于水滴中，混匀并涂成薄膜。若用菌悬液（或液体培养物）涂片，则可用接种环挑取 2～3 环直接涂于载玻片上。

2. 干燥

室温自然干燥，通常可省去。

细菌制片操作视频

3. 固定

涂面朝上，通过火焰 2～3 次。此操作过程被称为热固定，目的是使细胞质凝固，以固定细胞形态，并使之牢固地附着在载玻片上。

涂片、干燥、固定是细菌简单染色、革兰氏染色（实验六）、芽孢染色（实验七）等染色之前的共同过程，叫作制片。

4. 染色

滴加染色液于涂片上（以染色液刚好覆盖涂片薄膜为宜）。吕氏碱性美蓝染色 1～2min；石炭酸复红（或草酸铵结晶紫）染色约 1min。

5. 水洗

倒去染色液，水洗至涂片上流下的水变为无色为止。水洗时不要直接冲洗涂面，而应使水从载玻片的一端流下。水流不宜过急，以免涂片薄膜脱落。

6. 干燥

自然干燥或略微过火，或用吸水纸盖在涂片部位以吸去水分（注意勿擦去菌体）。

7. 镜检

用油镜观察并绘出细菌形态图。

（1）转动转换器将油镜转至镜筒正下方，在标本镜检部位滴上一滴香柏油。慢慢转动粗调螺旋使载物台上升，同时从侧面注视，使物镜浸入油中，直到几乎与标本接触时为止（注意切勿压到标本，以免压碎玻片甚至损坏油镜头）。将聚光器升至最高位置，放大视场光阑及聚光器上的虹彩光圈（带视场光阑的油镜开大视场光阑），调节光源使视野的亮度合适。

油镜观察操作视频

（2）左眼看目镜（也可双眼看目镜），微微转动粗调螺旋，下降载物台（注意：此时只准下降载物台，不能向上调），当视野中有模糊的标本物像时改用细调螺旋，并移动标本直至标本物像清晰为止。

（3）在镜头已离开油滴又尚未发现标本时，可重新按上述步骤操作直到看清物像为止。

油镜观察思维导图

（4）观察完毕，下降载物台，取下标本片。先用擦镜纸擦去镜头上的油，然后再用擦镜纸沾少许二甲苯将镜头擦 2～3 次，最后再用干净的擦镜纸将镜头擦 2～3 次（注意擦镜头时向一个方向擦拭，切忌用手或其他纸擦镜头，以免损坏镜头）。将物镜转成八字形，并将载物台下降到最低，罩上镜套。

（5）用废纸将观察后的染色玻片上的香柏油擦干净，并放入盛有 75% 酒精溶液的回收缸中。

注意事项

（1）载玻片要洁净无油，否则菌液涂不开。

（2）滴生理盐水和取菌不宜过多；涂片要涂均匀，不宜过厚，过厚则不易观察。

（3）热固定温度不宜过高（以载玻片背面不烫手为宜），否则会改变甚至破坏细胞形态。

（4）涂片必须完全干燥后才能用油镜观察。

五、实验报告

（1）根据观察结果绘出三种细菌的形态图。

（2）将菌种的菌落特征填入表 5-1 中。

表 5-1　菌种的菌落特征

菌　　种	菌落特征描述							
	大小	颜色	干湿	质地	形态	表面	透明度	边缘
大肠杆菌								
金黄色葡萄球菌								
自接细菌								

六、思考题

（1）制备细菌染色标本时尤其应该注意哪些环节？

（2）用油镜观察时应注意哪些问题？在载玻片和镜头之间需要加滴什么油？起什么作用？

（3）为什么制片完全干燥后才能用油镜观察？

（4）如果涂片未经热固定，将会出现什么问题？

（5）制片时热固定加热温度过高、时间过长会出现什么问题？

习题解答

实验六

细菌的革兰氏染色

一、目的要求

(1) 学习细菌的革兰氏染色法。

(2) 进一步学习并掌握无菌操作的技术要点。

二、实验原理

革兰氏染色法是 1884 年丹麦病理学家 Christain Gram 创立的,该法可将细菌区分为革兰氏阳性(G^+)菌和革兰氏阴性(G^-)菌两大类,是细菌学最常用的鉴别染色法。该染色法之所以能将细菌分为 G^+ 菌和 G^- 菌,是因为这两类菌的细胞壁结构和成分不同(见图 6-1)。

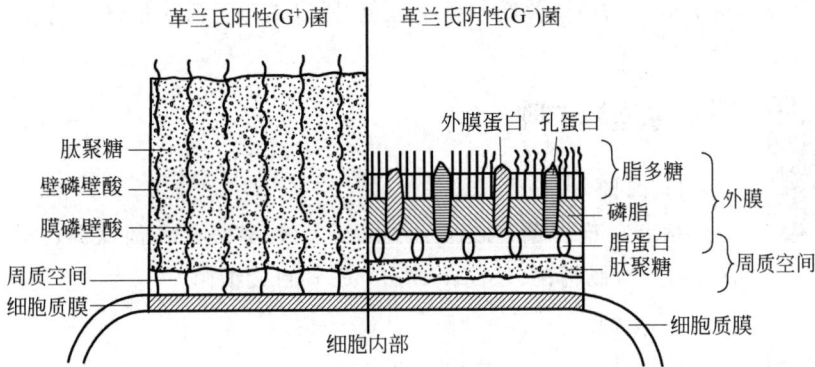

图 6-1 革兰氏阳性菌和革兰氏阴性菌细胞壁构造的比较

1. 革兰氏染色法的过程

涂片→固定→结晶紫初染→碘液媒染→95%乙醇脱色→番红(沙黄)复染→镜检(见图 6-2)。

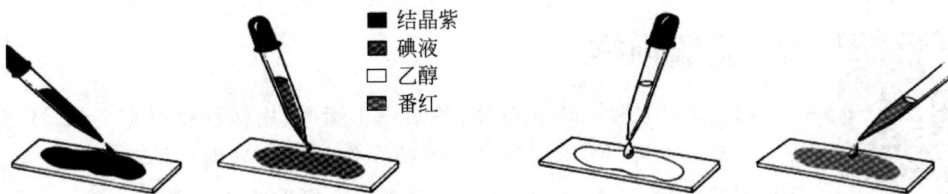

图 6-2 革兰氏染色过程

2. 革兰氏染色法的原理

使用结晶紫、碘液媒染时,由于细胞壁带负电荷,会吸收碱性染料,而 G^+ 菌和 G^- 菌都吸收碱性染料,故在细胞内结合——结晶紫碘液复合物。酒精脱色时,G^+ 菌细胞壁厚,只有一层肽聚糖,而肽聚糖的强度高,整个细胞壁结构紧密,遇酒精时,结晶紫碘液复合物将被阻留在细胞壁内,使菌体保持原来结晶紫的紫色;而对 G^- 菌来讲,酒精能使外膜类脂溶解,只剩肽聚糖层,而 G^- 菌菌肽聚糖层薄而松散,不能阻挡结晶紫碘液复合物逸出,细胞壁将变成无色。此时再用红色染料复染,则 G^+ 菌因已结合紫色染料,难以吸附红色染料,仍然表现为紫色,而 G^- 菌则会重新吸附红色染料,由无色变红色(见图 6-3)。

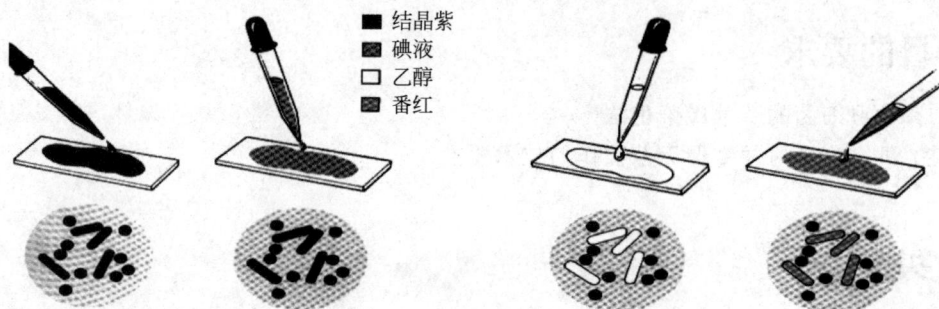

图 6-3　革兰氏染色法示意图

比如,枯草芽孢杆菌(*Bacillus subtilis*)革兰氏染色呈紫色,所以是革兰氏阳性(G^+)菌,大肠杆菌(*Escherichia coli*)革兰氏染色呈红色,所以是革兰氏阴性(G^-)菌。

三、实验材料

1. 菌种

枯草芽孢杆菌(*Bacillus subtilis*) 或 金黄色葡萄球菌(*Staphylococcus aureus*)、大肠杆菌(*Escherichia coli*)、自接细菌。

2. 试剂

生理盐水、结晶紫染液、鲁氏碘液、95%乙醇溶液、番红(沙黄)、香柏油、二甲苯。

3. 仪器和其他用具

显微镜、擦镜纸、载玻片、吸水纸等。

四、实验内容

(1)涂片:取三块载玻片,各滴一小滴(或用接种环挑取 1~2 环)生理盐水于载玻片中央,用接种环以无菌操作的方式分别从枯草芽孢杆菌或金黄色葡萄球菌、大肠杆菌、自接细菌斜面上挑取少许菌苔于水滴中,混匀并涂成薄膜。若用菌悬液(或液体培养物)涂片,则可用接种环挑取 2~3 环

革兰氏染色
效果

革兰氏染色
操作视频

革兰氏染色
思维导图

直接涂于载玻片上。

（2）干燥：室温自然干燥。

（3）固定：涂面朝上，通过火焰 2～3 次热固定。

（4）染色：加适量的结晶紫染液染色 1min，以盖满细菌涂面为宜。

（5）水洗：倒去染液，用自来水冲洗，直至涂片上流下的水为无色为止。水洗时，不要直接冲洗涂面，而应使水从载玻片的一端流下。水流不宜过急，以免涂片薄膜脱落。

（6）媒染：鲁氏碘液冲去残水并覆盖 1min。

（7）水洗：用水洗去碘液。

（8）脱色：95％的乙醇脱色 30s，立即水洗。

（9）复染：滴加番红复染 2～4min。

（10）水洗：用水洗去涂片上的番红染液。

（11）干燥：自然干燥或略微过火，或用吸水纸盖在涂片部位以吸去水分（注意勿擦去菌体）。

（12）镜检：用油镜观察并绘出细菌形态图。

（13）清理：实验完毕，擦净显微镜。将有菌的载玻片置于消毒缸中，清洗、晾干后备用。

注意事项

（1）载玻片要洁净无油，否则菌液涂不开。

（2）滴生理盐水和取菌不宜过多，涂片要涂均匀，不宜过厚，过厚则不易观察。

（3）热固定温度不宜过高（以载玻片背面不烫手为宜），否则会改变甚至破坏细胞形态。

（4）涂片必须完全干燥后才能用油镜观察。

（5）革兰氏染色成败的关键是脱色时间。如脱色过度，则革兰氏阳性菌也会被脱色而被误认为是革兰氏阴性菌；如脱色时间过短，则革兰氏阴性菌也会被误认为是革兰氏阳性菌。脱色时间的长短还受涂片厚度、脱色时载玻片晃动的快慢及乙醇用量等因素的影响，难以严格规定。一般可用已知革兰氏阳性菌和革兰氏阴性菌做练习，以掌握脱色时间。当要确证一个未知菌的革兰氏反应时，应同时做一张已知革兰氏阳性菌和阴性菌的混合涂片，以供对照。

（6）染色过程中应勿使染液干涸。

（7）选用培养 16～24h 菌龄的细菌为宜。若菌龄太老，则菌体死亡或自溶常会使革兰氏阳性菌转呈阴性反应。

五、实验报告

将镜检结果填入表 6-1 中。

表 6-1　菌种的镜检结果

菌　　种	颜　　色	结　　论	形态描述	单菌示意图	排　　列
大肠杆菌					

续表

菌　种	颜　色	结　论	形 态 描 述	单菌示意图	排　列
枯草芽孢杆菌或 金黄色葡萄球菌					
自接细菌					

六、思考题

（1）哪些环节会影响革兰氏染色结果的正确性？其中最关键的环节是什么？

（2）进行革兰氏染色时，为什么特别强调菌龄不能太老？用老龄细菌染色会出现什么问题？

（3）不经过复染这一步，能否区别革兰氏阳性菌和革兰氏阴性菌？

（4）革兰氏染色法能否观察到细菌的芽孢？

（5）革兰氏染色时，初染前能加碘液吗？

（6）当对未知菌进行革兰氏染色时，怎样保证操作正确、结果可靠？

习题解答

实验七

细菌的芽孢、荚膜、鞭毛染色及运动性观察

一、目的要求

(1) 学习并掌握细菌芽孢染色法,初步了解芽孢杆菌的形态特征。

(2) 学习并掌握细菌荚膜染色法。

(3) 学习并初步掌握细菌鞭毛染色法,观察细菌鞭毛的形态特征。

(4) 学习用水封片法和悬滴法观察细菌的运动性。

二、实验原理

1. 芽孢染色

芽孢是某些细菌在生长发育的后期,在细胞内形成的一个圆形或椭圆形、厚壁、含水量极低、抗逆性极强的休眠体,也被称为内生孢子。

芽孢壁厚,透性低,不易着色,而一旦着色又不易脱色。用着色力强的染色剂(如孔雀绿)在加热的条件下强制染色,芽孢和菌体都会被染上绿色,水洗后菌体会脱色,而芽孢不会脱色,再用番红染色则菌体将重新染上红色。

2. 荚膜染色

荚膜是包在细菌细胞壁外面的一层黏胶状或胶质状物质,成分为多糖、糖蛋白或多肽,与染料的亲和力弱,不易着色,故染荚膜通常可以采用负染色法,即设法使菌体和背景着色而荚膜不着色,从而使荚膜在菌体周围呈一个浅色或无色的透明圈。由于荚膜的含水量在 90% 以上,故染色时一般不需要加热固定,以免荚膜皱缩变形而影响观察结果。

3. 鞭毛染色

细菌的鞭毛极细,直径一般为 $10\sim20\text{nm}$,超过了普通光学显微镜的分辨力,只有用电子显微镜才能观察到。但是,如采用特殊的染色法将鞭毛直径加粗,则在普通光学显微镜下也能看到它。鞭毛染色的方法很多,但其基本原理相同,即在染色前先用媒染剂处理,让它沉积在鞭毛上,使鞭毛直径加粗,然后再染色。常用的媒染剂由丹宁酸和氯化铁或钾明矾等配制而成。

是否具有鞭毛是细菌分类鉴定的重要特征之一。鞭毛染色法虽能观察到鞭毛的形态、着生位置和数目,但此法既费时又麻烦。如果只需查清供试菌是否有鞭毛,则可采用悬滴法或水封片法(即压滴法)直接在光学显微镜下检查活细菌是否具有运动能力,以此可以判

断细菌是否有鞭毛。此法较为快速、简便。

4. 运动性观察

悬滴法就是将菌液滴加在洁净的盖玻片中央,在其周边涂上凡士林,然后将它倒盖在有凹槽的载玻片中央即可将之放置在普通光学显微镜下观察。水封片法可以将菌液滴在普通的载玻片上,然后盖上盖玻片置于显微镜下观察。

细菌依赖鞭毛的运动方式与鞭毛的排列形式和数目有关,但由于细菌的运动方式不同,对鞭毛的排列方式和数目只能作大致判断。单毛菌和丛毛菌多做直线运动,周毛菌多做翻转运动。依赖鞭毛的运动被称为真性运动。无鞭毛细菌左右颤动而不改变其位置,这种运动被称为非真性运动,亦称布朗运动。

三、实验材料

1. 菌种

(1) 芽孢染色菌种:培养 36h 的枯草芽孢杆菌(*Bacillus subtilis*),大肠杆菌(*Escherichia coli*)和自接细菌。

(2) 荚膜染色菌种:培养 3~5d 的胶质芽孢杆菌(*Bacillus mucilaginosus*,俗称"钾细菌",该菌在甘露醇作碳源的培养基上生长时,荚膜丰厚),培养 2d 的自接细菌。

(3) 鞭毛染色菌种:培养 12~16h 的水稻黄单胞菌(*Xanthomonas oryzae*)或荧光假单胞菌(*Pseudomonas fluorescens*)和自接细菌斜面菌种。

(4) 运动性观察菌种:培养 12~16h 的枯草芽孢杆菌、金黄色葡萄球菌(*Staphylococcus aureus*)、荧光假单胞菌和自接细菌。

2. 试剂

5%孔雀绿水溶液、0.5%番红水溶液、1%结晶紫染液、用滤纸过滤后的绘图墨水、复红染色液、黑素、6%葡萄糖水溶液、1%甲基紫水溶液、甲醇、20%$CuSO_4$ 水溶液、硝酸银染色液(包括 A 液和 B 液)、Leifson 染色液、香柏油、二甲苯、凡士林、无菌水。

3. 仪器和其他用具

试管(75mm×ϕ10mm)、烧杯(300mL)、载玻片、凹载玻片、盖玻片、滴管、废液缸、玻片搁架、接种环、擦镜纸、吸水纸、镊子、记号笔、洗瓶、水浴锅、生物显微镜等。

四、实验内容

1. 细菌芽孢染色

(1) 制片:按常规方法涂片、干燥及固定(同简单染色和革兰氏染色)。

(2) 加热染色:滴加 3~5 滴孔雀绿水溶液于已固定的涂片上。用木夹夹住载玻片在火焰上(微火)加热,使染液冒蒸气但勿沸腾,切忌使染液蒸干,及时添加少许染液。加热时间从染液冒蒸气时开始计算,约 5min。

(3) 脱色:倾去染液,待载玻片冷却后水洗至孔雀绿不再褪色为止。

（4）复染：用番红水溶液复染 2～5min，水洗。

（5）镜检：待载玻片干燥后，置于油镜下观察。

结果：芽孢呈绿色，菌体呈红色。

注意事项

（1）供芽孢染色用的菌种应控制菌龄，以大部分芽孢仍保留在菌体上为宜。

（2）染色加热过程中要及时补充染液，切勿让涂片干涸。

2. 细菌荚膜染色

为细菌荚膜染色的方法很多，其中湿墨水法较简便，并且适用于各种有荚膜的细菌，如用相差显微镜检查则效果更佳。

1）负染色法

（1）制片：取洁净的载玻片一块，加蒸馏水一滴，取 2～3 环菌体放入水滴中混匀并涂布。

（2）干燥：将涂片放在空气中晾干或用电吹风冷风吹干。

（3）染色：在涂面上加复红染液染色 2～3min。

（4）水洗：用水洗去复红染液。

（5）干燥：将染色片放在空气中晾干或用电吹风冷风吹干。

（6）涂黑素：在染色涂面左边加一小滴黑素，用一张边缘光滑的载玻片轻轻接触黑素，使黑素沿玻片边缘散开，然后向右拖动，使黑素在染色涂面上成为一薄层，并迅速风干。

（7）镜检：先用低倍镜观察，再用高倍镜观察。

结果：背景灰色，菌体红色，荚膜无色透明。

2）湿墨水法

（1）制菌液：加 1 滴墨水于洁净的载玻片上，挑 2～3 环菌体与其充分混合均匀。

（2）加盖玻片：放一清洁盖玻片于混合液上，然后在盖玻片上放一张滤纸，向下轻压，吸去多余的菌液。

（3）镜检：先用低倍镜观察，再用高倍镜观察。

结果：背景灰色，菌体较暗，其周围呈现的明亮透明圈即为荚膜。

3）干墨水法

（1）制菌液：加 1 滴 6% 葡萄糖液于洁净载玻片一端，挑 2～3 环菌与葡萄糖液充分混合，再加 1 环墨水，充分混匀。

（2）制片：左手执载玻片，右手另拿一张边缘光滑的载玻片，将载玻片的一边与菌液接触，使菌液沿载玻片接触处散开，然后以 30°角迅速而均匀地将菌液拉向载玻片的一端，使菌液铺成一薄膜（见图 7-1）。

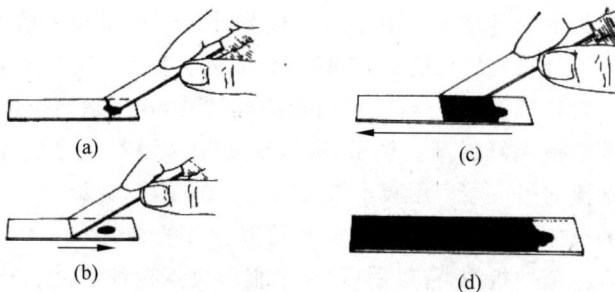

图 7-1　荚膜干墨水法染色步骤

（3）干燥：在空气中自然干燥。

（4）固定：用甲醇浸没涂片，固定 1min，立即倾去甲醇。

（5）干燥：在酒精灯上方用文火干燥。

（6）染色：用甲基紫水溶液染 1～2min。

（7）水洗：用自来水清洗，自然干燥。

（8）镜检：先用低倍镜观察，再用高倍镜观察。

结果：背景灰色，菌体紫色，荚膜呈一个清晰透明圈。

4）Tyler 法

（1）制片：按常规法涂片，可多挑些菌体与水充分混合，并将黏稠的菌液尽量涂开，但涂布的面积不宜过大。

（2）干燥：在空气中自然干燥。

（3）染色：用 1% 结晶紫染色 3min。

（4）脱色：用 20% $CuSO_4$ 水溶液洗去结晶紫，脱色要适度（冲洗 2 遍）。用吸水纸吸干，并立即加 1～2 滴香柏油于涂片处，以防止 $CuSO_4$ 形成结晶。

（5）镜检：先用低倍镜观察，再用高倍镜观察。

结果：背景蓝紫色，菌体紫色，荚膜无色或浅紫色。

注意事项

（1）不要用加热固定荚膜染色涂片，以免荚膜皱缩变形。

（2）涂片不要用力过猛，不要滴加水，以防破坏荚膜原形。

（3）无荚膜的菌由于干燥收缩，菌体四周也可能出现一圈狭窄的不着色环，但这不是荚膜，荚膜不着色的部分较宽。

3. 细菌鞭毛染色

1）镀银法染色

（1）清洗玻片：选择光滑无裂痕的玻片（最好选用新的）。为了避免玻片相互重叠，应将玻片插在专用金属架上，然后将玻片置于洗衣粉过滤液（煮沸洗衣粉后用滤纸过滤，以除去粗颗粒）中，煮沸 20min。取出稍冷后用自来水冲洗、晾干，再放入浓洗液中浸泡 5～6d。浓洗液的成分：重铬酸钾 60g，浓硫酸 460mL，水 300mL；配制方法：将重铬酸钾溶解在温水中，冷却后再徐徐加入浓硫酸。使用前取出玻片，用自来水冲去残酸后再用蒸馏水冲洗。将水沥干后，放入 95% 乙醇中脱水。

（2）菌液的制备及制片：菌龄较老的细菌鞭毛容易脱落，所以在染色前应将待染细菌置于新配制的牛肉膏蛋白胨培养基斜面上连续移接 3～5 代，要求培养基表面湿润、斜面基部含有冷凝水以增强细菌的运动力。将最后一代菌种置于恒温箱中培养 12～16h。然后，用接种环挑取斜面与冷凝水交界处的 3～5 环菌液移至盛有 1～2mL 无菌水的试管中，使菌液呈轻度浑浊状态。将该试管放在 37℃ 恒温箱中静置 10min（放置时间不宜太长，否则鞭毛会脱落），让幼龄菌的鞭毛舒展开。然后，吸取少量菌液滴在洁净玻片的一端，立即将玻片倾斜使菌液缓慢地流向另一端。用吸水纸吸去多余的菌液，让涂片自然干燥。

用于鞭毛染色的菌体也可用半固体培养基培养。方法是将 0.3%～0.4% 的琼脂牛肉膏培养基熔化后倒入无菌平板中，待凝固后，在平板中央点接种活化了 3～4 代的细菌，恒温培养12～16h后,取扩散菌落边缘的菌体制作涂片。

(3) 染色:滴加硝酸银染色液A液,染4～6min;用蒸馏水充分洗净A液;用B液冲去残水,再加B液于玻片上,在酒精灯火焰上加热至冒蒸汽,约维持0.5～1min(加热时应随时补充蒸发掉的染料,不可使玻片出现干涸区);用蒸馏水洗,自然干燥。

(4) 镜检:先用低倍镜观察,再用高倍镜观察,最后用油镜观察。

结果:菌体呈深褐色,鞭毛呈浅褐色。

2) 改良Leifson染色法

(1) 清洗玻片方法同前。

(2) 配制染料:见附录2"6.改良Leifson法鞭毛染色液"。染料配好后要过滤15～20次后染色效果才好。

(3) 菌液的制备及涂片:菌液的制备同前;用记号笔在洁净的玻片上划分3～4个相等的区域;放1滴菌液于第一个小区的一端,将玻片倾斜,让菌液流向另一端,并用滤纸吸去多余的菌液;在空气中自然干燥。

(4) 染色:加染色液于第一区,使染料覆盖涂片。隔数分钟后再将染料加入第二区,以此类推,相隔时间可自行决定,其目的是确定最合适的染色时间,节约材料。在没有倾去染料的情况下用蒸馏水轻轻地冲去染料,否则会增加背景的颜色沉淀。自然干燥。

(5) 镜检:先用低倍镜观察,再用高倍镜观察,最后用油镜观察,观察时要多找一些视野区,不要指望在1～2个视野区中就能看到细菌的鞭毛。

结果:菌体和鞭毛均被染成红色。

注意事项

(1) 要用新鲜(对数生长期)的细菌培养物。

(2) 培养基中最好不要加抑菌剂,尤其是影响鞭毛的抑菌剂;用液体培养基的培养物效果更佳。

(3) 如从固体培养基取菌,要取菌落边缘的菌体。

(4) 载玻片要干净,最好用酒精浸泡约12h,干燥后再使用。

(5) 制片时应使用蒸馏水而不是自来水。

(6) 染料里不要有沉渣。

(7) 不要加热固定。

(8) 取菌切不可多,否则鞭毛叠在一起不容易观察。

(9) 细菌鞭毛极细,很易脱落,在整个操作过程中必须仔细小心,以防鞭毛脱落。

(10) 鞭毛染色液最好当日配制当日用,次日使用则鞭毛染色会变浅,观察效果差。染色时一定要充分洗净A液后再加B液,否则背景会不清晰。

4. 细菌的运动性观察

(1) 制备菌液:在幼龄菌斜面上滴加3～4mL无菌水,制成轻度浑浊的菌悬液。

(2) 涂凡士林:取1块洁净无油的盖玻片,在其四周涂少量的凡士林。

(3) 滴加菌液:于盖玻片的中央加1滴菌液,并用记号笔在菌液的边缘做一个记号,以便在显微镜观察时寻找菌液的位置。

(4) 盖凹玻片:将凹玻片的凹槽对准盖玻片中央的菌液,并轻轻地盖在盖玻片上,使两者粘在一起,然后翻转凹玻片,使菌液正好悬在凹槽的中央,再用铅笔或火柴棒轻轻压盖玻片,使玻片四周边缘闭合以防菌液干燥。

悬滴法制片的步骤见图 7-2。

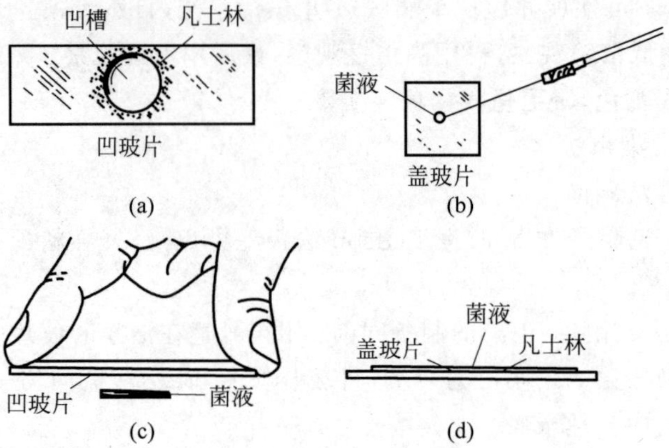

图 7-2　悬滴法制片的步骤

若需要制水封片,可在载玻片上滴加一滴菌液,盖上盖玻片后即可置于显微镜下观察。

(5) 镜检:先用低倍镜找到标记,再稍微移动凹玻片即可找到菌滴的边缘,然后将菌液移到视野中央用高倍镜观察。由于菌体是透明的,镜检时可适当缩小光圈或降低聚光器以增大反差方便观察。镜检时要仔细辨别是细菌运动还是分子布朗运动,前者在视野下可见细菌自一处游动至他处,而后者仅在原处左右摆动。细菌的运动速度依菌种的不同而异,应仔细观察。

结果:观察有鞭毛的枯草芽孢杆菌和荧光假单胞菌可看到活跃的活动,而观察无鞭毛的金黄色葡萄球菌则无法看到其运动。

注意事项

(1) 检查细菌运动的凹玻片和盖玻片都要洁净无油,否则将影响细菌运动。

(2) 制水封片时菌液不可加得太多,过多的菌液会在盖玻片下流动,使视野内只能见大量的细菌朝一个方向运动,从而影响对细菌正常运动的观察。

(3) 若使用油镜观察则应在盖玻片上加一滴香柏油。

五、实验报告

(1) 绘制表示芽孢、荚膜和鞭毛的图。

(2) 将本次实验观察结果记录在表 7-1 中。

表 7-1　观察结果记录

菌名	芽孢染色		荚膜染色			鞭毛染色			运动性
	菌体颜色	芽孢颜色	菌体颜色	荚膜颜色	背景	菌体颜色	鞭毛颜色	鞭毛位置及数目	有无
枯草芽孢杆菌									

续表

菌名	芽孢染色		荚膜染色			鞭毛染色			运动性
	菌体颜色	芽孢颜色	菌体颜色	荚膜颜色	背景	菌体颜色	鞭毛颜色	鞭毛位置及数目	有无
大肠杆菌									
胶质芽孢杆菌									
水稻黄单胞菌									
金黄色葡萄球菌									
荧光假单胞菌									
自接细菌									

六、思考题

（1）对芽孢、荚膜、鞭毛的染色为什么被称为特殊染色？

（2）鞭毛染色与其他染色有何不同？为什么？

（3）鞭毛染色的菌种为什么要先连续传几代，并且要采用幼龄菌种？

（4）悬滴法为什么要涂凡士林？为什么加的菌液不能太多？如果发现显微镜视野内大量细菌向一个方向流动,可能是什么原因造成的？

习题解答

実验八

细菌的电镜观察

一、目的要求

(1) 了解电子显微镜的工作原理。

(2) 学习并掌握制备微生物及核酸电镜样品的基本方法。

二、实验原理

显微镜的分辨率取决于所用光的波长,1933 年开始出现的电子显微镜由于使用了波长比可见光短得多的电子束作为光源,其所能达到的分辨率较光学显微镜得到了大幅提高。光源的不同决定了电子显微镜与光学显微镜的一系列差异,主要表现在:①电子在运行中如遇到游离的气体分子会因碰撞发生偏转,导致物像散乱不清,因此电镜镜筒要求真空;②电子是带电荷的粒子,因此电镜是用电磁圈来使"光线"汇聚、聚焦的;③人肉眼看不到电子图像,因此需用荧光屏显示或感光胶片记录电子图像。

根据电子束作用于样品的方式不同及成像原理的差异,现代电子显微镜已发展形成了多种类型,目前最常用的是透射电子显微镜(transmission electron microscope),简称"透射电镜"和扫描电子显微镜(scanning electron microscope),前者总放大倍数可在 1000～1 000 000 倍范围内变化,后者总放大倍数可在 20～300 000 倍变化。本实验主要介绍这两种显微镜样品的制备。

三、实验材料

1. 菌种

大肠杆菌(*Escherichia coli*)、自接细菌。

2. 试剂

2%火棉胶醋酸戊酯溶液、浓硫酸、无水乙醇、无菌水、2%磷钨酸钠(pH6.5～8.0)水溶液、0.3%聚乙烯醇缩甲醛(溶于三氯甲烷)溶液、细胞色素 c、醋酸铵、质粒 pBR322、金(Au)等。

3. 仪器和其他用具

普通光学显微镜、铜网、瓷漏斗、烧杯、平板、无菌滴管、无菌镊子、大头针、载玻片、细菌计数板、真空镀膜机、临界点干燥仪等。

四、实验内容

1. 透射电镜的样品制备及观察

（1）金属网的处理。光学显微镜的样品是需要被放置在载玻片上观察的，而透射电镜由于电子不能穿透玻璃而只能采用网状材料作为载物（通常被称为载网）。载网因材料及形状的不同可分为多种不同的规格，其中最常用的是 $200\sim400$ 目（孔径为 $38\sim74\mu m$）的铜网。载网在使用前要经过处理除去其上的污物，否则会影响支持膜的质量及标本照片的清晰度。本实验选用的是 400 目（孔径约为 $38\mu m$）的铜网，可用如下方法进行处理：首先用醋酸戊酯浸漂几小时，再用蒸馏水冲洗数次，最后将铜网浸漂在无水乙醇中脱水。如果铜网经以上方法处理后仍不干净，则可用稀释的浓硫酸（1∶1）浸 $1\sim2$ min，或在 1‰ NaOH 溶液中煮沸数分钟，用蒸馏水冲洗数次后再放入无水乙醇中脱水待用。

（2）支持膜的制备。在进行样品观察时，载网上还应覆盖一层无可见结构、均匀的薄膜，否则细小的样品会从载网的孔中漏出去，这层薄膜通常被称为支持膜或载膜。支持膜应对电子透明，其厚度一般应低于 20nm；在电子束的冲击下，该膜还应有一定的机械强度，能保持结构的稳定，并拥有良好的导热性；此外，支持膜在电镜下应无可见的结构，且不与承载的样品发生化学反应，不干扰对样品的观察，其厚度一般为 15nm 左右。支持膜可用塑料膜（如火棉胶膜、聚乙烯醇缩甲醛膜等），也可以用碳膜或者金属膜（如铍膜等）。常规工作条件下用塑料膜就可以达到要求，而塑料膜中火棉胶膜的制备相对容易，但强度不如聚乙烯醇缩甲醛膜。

① 火棉胶膜的制备。在一干净容器（烧杯、平板或下带止水夹的瓷漏斗）中放入一定量的无菌水，用无菌滴管吸取 2‰火棉胶醋酸戊酯溶液，滴一滴于水面中央，勿振动，待醋酸戊酯蒸发，火棉胶则由于水的张力在水面上形成一层薄膜。用镊子将薄膜除掉，再重复一次此操作（这主要是为了清除水面上的杂质）。然后滴适量火棉胶醋酸戊酯溶液于水面（火棉胶醋酸戊酯溶液滴加量的多少与形成膜的厚薄有关），待膜形成后需检查是否有皱褶，如有，则除去直至膜制好。

所用溶液中不能有水分及杂质，否则形成的膜质量会较差。待膜形成后，可以侧面对光检查所形成的膜是否平整及是否有杂质。

② 聚乙烯醇缩甲醛膜（Formvar 膜）的制备。

将洗干净的玻璃板插入 0.3‰聚乙烯醇缩甲醛溶液中静置片刻（时间视所要求的膜的厚度而定），然后取出稍稍晾干便会在玻璃板上形成一层薄膜；用锋利的刀片或针头将膜刻成一矩形；将玻璃板轻轻斜插进盛满无菌水的容器中，借助水的表面张力作用使膜与玻璃板分离并漂浮在水面上。

所使用的玻璃板一定要干净，否则膜难以从上面脱落；漂浮膜时动作要轻，手不能发抖，否则膜将发皱；同时，操作时应注意防风避尘，环境要干燥，所用溶剂也必须有足够的纯度，否则都将对膜的质量产生不良影响。

（3）转移支持膜到载网上有多种方法，常用的有如下两种。

① 将洗净的网放入瓷漏斗中，漏斗下套乳胶管，用止水夹控制水流，缓缓向漏斗内加入

无菌水,其量约高 1cm;用无菌镊子尖轻轻排除铜网上的气泡,并将其均匀地摆在漏斗中心区域;按上页"(2)支持膜的制备"中所述方法在水面上制备支持膜,然后松开止水夹使膜缓缓下沉,紧紧贴在铜网上;将一张清洁的滤纸覆盖在漏斗上防尘,自然干燥或在红外线灯下烤干。膜干燥后,用大头针尖在铜网周围划一下,用无菌镊子将铜网膜移到载玻片上,将膜置于光学显微镜下,用低倍镜挑选完整无缺、厚薄均匀的铜网膜备用。

② 按上页"(2)支持膜的制备"中所述方法在平板或烧杯里制备支持膜,成膜后将几片铜网放在膜上,再在上面放一张滤纸,浸透后用镊子将滤纸反转提出水面。将有膜及铜网的一面朝上放在干净平板中,置 40℃烘箱使之干燥。

(4)制片。透射电镜样品的制备方法很多,如超薄切片法、复型法、冰冻蚀刻法、滴液法等。其中滴液法或在滴液法基础上发展出来的其他类似方法(如直接贴印法、喷雾法等)主要被用于观察病毒粒子、细菌的形态及生物大分子等,但因为生物样品主要由碳、氢、氧、氮等元素组成,散射电子的能力很低,在电镜下反差小,所以在进行电镜生物样品制备时通常还需采用重金属盐染色或金属盐喷镀等方法来增加样品的反差,提高观察效果。例如,负染色法就是用电子密度高、本身不显示结构且与样品几乎不反应的物质(如磷钨酸钠或磷钨酸钾)来对样品进行"染色"。由于这些重金属盐不被样品成分所吸附而是会沉积到样品四周,如果样品具有表面结构,这种物质还能嵌进表面凹陷部分,因而在样品四周有染液沉积的地方,散射电子的能力强,表现为暗区,而在有样品的地方散射电子的能力弱,表现为亮区。这样便能把样品的外形与表面结构清楚地区分出来。负染色法由于操作简单,在进行透射电镜生物样品制片时比较常用。本实验将主要介绍采用滴液法结合负染色法制备样品观察细菌及核酸分子形态。

① 细菌的电镜样品制备。将适量无菌水加入生长良好的细菌斜面内,用吸管轻轻拨动菌体制成菌悬液。用无菌滤纸过滤,并将滤液中的细胞密度调整为 $10^8 \sim 10^9$ 个/mL。取上述等量的菌悬液与等量的 2%磷钨酸钠水溶液混合,制成混合菌悬液。用无菌毛细吸管吸取混合菌悬液滴在铜网膜上。经 3~5min 后,用滤纸吸去余水,待样品干燥后,将之置于低倍光学显微镜下检查,挑选膜完整、菌体分布均匀的铜网。

有时为了保持菌体的原有形状,常用戊二醛、甲醛、锇酸蒸气等试剂固定后再染色,其方法是向经过过滤的用无菌水制备好的菌悬液中加几滴固定液(如 pH7.2,0.15%的戊二醛磷酸缓冲液),经这样预先稍加固定后,离心,收集菌体,再用无菌水制成菌悬液,并将细胞密度调整为 $10^8 \sim 10^9$ 个/mL。然后按上述方法染色。

② 核酸分子的电镜样品制备。核酸分子链一般较长,采用普通的滴液法或喷雾法易使其结构受到破坏,因此多采用蛋白质分子膜技术来进行核酸分子样品的制备。其原理是:很多球状蛋白均能在水溶液或盐溶液的表面形成不溶的变性薄膜,在适当的条件下这一薄膜可以成为单分子层,由伸展的肽链构成一个分子网。当核酸分子与该蛋白质单分子膜作用时,蛋白质的氨基酸碱性侧链基团作用会使核酸从三维空间结构的溶液构型吸附于肽链网转化为二维空间的构型,并能从形态到结构均保持一定程度的完整性。最后将吸附有核酸分子的蛋白质单分子膜转移到载膜上,用负染等方法增加样品的反差后置于电镜下观察。可用展开法、扩散法、一步稀释法等使核酸吸附到蛋白质单分子膜上,本实验采用展开法。

将质粒 pBR322 与碱性球状蛋白溶液(一般为细胞色素 c)混合,使两者的质量浓度分别

达到 $0.5\sim2\text{mg}/\text{mL}$ 和 $0.1\text{mg}/\text{mL}$,并加入浓度为 $0.5\sim1\text{mol}/\text{L}$ 的醋酸铵和 $1\text{mmol}/\text{L}$ 的乙二胺四乙酸二钠,成为展开溶液,pH 值为 7.5。

在一干净的平板中注入一定下相溶液(蒸馏水或 $0.1\sim0.5\text{mol}/\text{L}$ 的醋酸铵溶液),并在液面上加入少量滑石粉。将一干净载玻片斜放于平板中,用微量注射器或移液枪吸取 $50\mu\text{L}$ 的展开溶液,在离下相溶液表面约 1cm 的载玻片上来回摆动,滴于载玻片的表面,展开液下滑后可看到滑石粉层后退,说明蛋白质单分子膜逐渐形成,整个过程需要 $2\sim3\text{min}$。载玻片倾斜的角度决定了展开液下滑至下相溶液的速度,并对单分子膜的形成质量有影响,经验证明倾斜度以 $150°$ 左右为宜。在蛋白质形成单分子膜时,溶液中的核酸分子也将同时分布于蛋白质基膜中间,并略受蛋白质肽链的包裹。理论计算及实验证明,当 1mg 的蛋白质展开成良好的单分子膜时,其面积约为 1cm^2,因而可根据最后形成的单分子膜面积的大小估计其好坏程度。如果面积过小,说明形成的膜并非单分子层,因而核酸就有局部或全部被膜包裹的危险,使整个核酸分子消失或反差变小。

特别提醒:在单分子膜形成时,整个装置最好用玻璃罩等物盖住,以防其受操作人员的呼吸和旁人走动等引起气流的影响,也能防止其受灰尘等脏物的污染。另外,在展开溶液中可适量加入一些与核酸量相差不大的指示标本(如烟草花叶病毒等),以利于鉴定单分子膜展开及后面转移的好坏。

单分子膜形成后,用电镜镊子取一覆有支持膜的载网,使支持膜朝下,放置于离单分子膜前沿 1cm 或距载玻片 0.5cm 的膜表面上,并立刻用镊子捞起,单分子膜即吸附于支持膜上。多余的液体可用小片滤纸吸去,也可将载网直接漂浮于无水乙醇中 $10\sim30\text{s}$。

将载有单分子膜的载网置于 $10^{-5}\sim10^{-3}\text{mol}/\text{L}$ 的醋酸铀乙醇溶液中染色约 30s(此步可在用乙醇脱水时同步进行),或用旋转投影的方法将金属喷镀于核酸样品的表面。也可将两种方法结合起来,在染色后再投影,其效果有时比单独使用一种方法更好一些。

(5)观察。将载有样品的铜网置于透射电镜中进行观察。

2. 扫描电镜微生物样品的制备及观察

使用扫描电镜观察时要求样品必须干燥,并且表面能够导电。因此,在制备扫描电镜微生物样品时一般都需采用固定、脱水、干燥及表面镀金等步骤处理。

(1)固定及脱水。生物样品的精细结构易遭破坏,因此在进行制样处理和电镜观察前必须将之固定,以使其能最大限度地保持生活时的形态。采用水溶性、低表面张力的有机溶液(如乙醇等)对样品进行梯度脱水可以在对样品进行干燥处理时尽量减少由表面张力引起的自然形态的变化。

将处理好的、干净的盖玻片切割成 $4\sim6\text{mm}^2$ 的小块,将待检的较浓的大肠杆菌悬浮液滴加其上,或将菌苔直接涂上,也可用盖玻片小块在菌落表面轻轻按压,自然干燥后置于光学显微镜下镜检,以菌体较密但又不堆在一起为宜。标记盖玻片小块有样品的一面;将上述样品置于 $1\%\sim2\%$ 戊二醛磷酸缓冲液(pH 值为 7.2 左右)中,于 4℃ 冰箱中固定过夜(约12h)。次日以 0.15% 的同一缓冲液冲洗,用 40%、70%、90% 和 100% 的乙醇分别依次脱水,每次 15min。脱水后,用醋酸戊酯置换乙醇。

另一种与之类似的样品制备方法是采用离心洗涤的方法将菌体依次固定及脱水,最后涂布到玻片上,其优点是:①在固定及脱水过程中可完全避免菌体与空气接触,从而最大限度地减少因自然干燥而引起的菌体变形;②可保证最后制成的样品中有足够的菌体浓度(涂在玻片上的菌体在固定及干燥过程中有时会从玻片上脱落);③确保玻片上有样品的一面不会被弄错。

(2)干燥。将上述过程制备的样品置于临界点干燥器中,浸泡于液态二氧化碳中,加热到临界点温度($31.4℃,7376.46$ kPa)以上,使之干燥。

样品脱水时有机溶剂排挤了水分,侵占了原来水的位置,但样品还是被浸润在溶剂中,因此,必须在表面张力尽可能小的情况下将这些溶剂"请"出去,使样品真正干燥。目前采用最多、效果最好的方法是临界点干燥法。其原理是提高装有溶液的密闭容器温度,使蒸发速率加快、气相密度增加、液相密度下降,当温度增加到某一定值时,气、液二相密度相等,界面消失,表面张力也就不存在了,此时的温度及压力被称为临界点。将生物样品用临界点较低的物质置换出内部的脱水剂可以完全消除表面张力对样品结构的破坏,目前用得最多的置换剂是二氧化碳,但二氧化碳与乙醇的互溶性不好,因此样品经乙醇分级脱水后还需用与这两种物质都能互溶的"媒介液"——醋酸戊酯来置换乙醇。

(3)喷镀及观察。将样品放在真空镀膜机内,把金喷镀到样品表面,再取出样品在扫描电镜中进行观察。

注意事项

(1)制样前应对所用菌株进行活化,并使用新鲜的培养物作为材料,例如,培养 $6\sim7$ h 的液体培养液或培养 12h 左右长出的菌苔,保证电镜观察时细胞形态的均匀。

(2)进行重金属负染操作时,应让滤纸轻轻接触铜网的侧下方(而非从铜网的上方直接吸掉液体),保证在多余的液体被吸掉的同时样品能更好地铺到支持膜上。

(3)用小盖玻片制备扫描电镜样品时,可将盖玻片用小镊子破碎成不规则的小块,加样后先画下加有样品一面的玻片形状后再进行后面的固定、脱水、干燥等操作,保证在观察时不会将加有样品的一面弄错。

五、实验报告

(1)绘图描述所制备的大肠杆菌和自接细菌在电子显微镜下被观察到的形态特点。

(2)绘图描述所制备的 pBR322 质粒 DNA 电镜制片在电子显微镜下被观察到的形态特点。

六、思考题

习题解答

(1)利用透射电子显微镜来观察的样品为什么要放在以金属网作为支架的火棉胶膜(或其他膜)上,而扫描电子显微镜则可以将样品固定在盖玻片上观察?

(2)用负染法制片时,磷钨酸钠或磷钨酸钾起什么作用?

微生物细胞大小的测定

一、目的要求

（1）学习并掌握测量微生物大小的基本方法。

（2）测量枯草芽孢杆菌、金黄色葡萄球菌和自接细菌的大小。

二、实验原理

细胞的大小是微生物重要的形态特征之一，也是微生物分类鉴定的依据之一。菌体很小，只能在显微镜下来测量，而用于测量微生物细胞大小的工具有目镜测微尺和镜台测微尺。

镜台测微尺（见图 9-1）是中央部分刻有标准刻度尺的载玻片，其尺度总长为 1mm，被精确分为 10 个大格，每个大格又被分为 10 个小格，共 100 小格，每一小格长度为 0.01mm，即 $10\mu m$。刻线外有一直径为 3mm、线粗为 0.1mm 的圆，以便调焦时寻找线条。刻线上还覆盖有厚度为 0.17mm 的盖玻片，可保护刻线长期使用而不被损伤。镜台测微尺并不能直接被用来测量细胞的大小，只是能被用于校正目镜测微尺每格的相对长度。

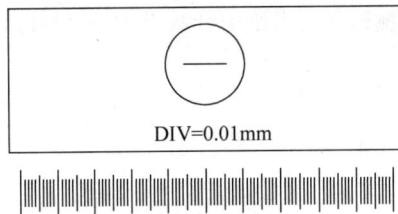

图 9-1　镜台测微尺及刻度放大

目镜测微尺（见图 9-2（a））是一块圆形玻片，其中央刻有精确等分的刻度，有把 5mm 长度刻成 50 等分或把 10mm 长度刻成 100 等分两种。测量时，可以将其放在目镜中的隔板上来测量经显微镜放大后的细胞物像。由于不同的显微镜放大倍数不同，同一显微镜在不同的目镜、物镜组合下放大倍数也不相同，而目镜测微尺是放置在目镜的隔板上，每格实际表示的长度不随显微镜的总放大倍数的放大而放大，仅与目镜的放大倍数有关，只要目镜不变，它就是定值。显微镜下的细胞物像是经过了物镜、目镜两次放大成像后才进入人的视野中。即目镜测微尺上刻度的放大比例与显微镜下细胞的放大比例不同，只是代表相对长度，所以使用前需用置于镜台上的镜台测微尺（见图 9-3）校正，以求出其在一定放大倍数下每格实际所代表的长度。

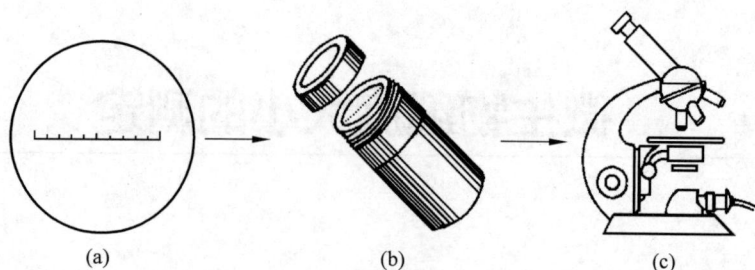

图 9-2　目镜测微尺及其安装方法

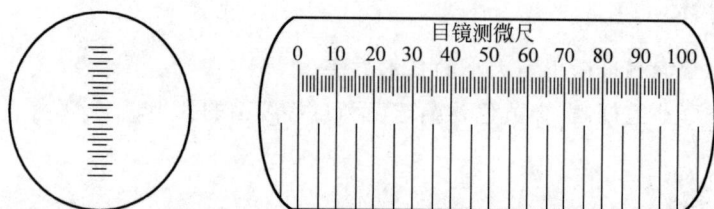

图 9-3　镜台测微尺中央部分及镜台测微尺校正目镜测微尺

三、实验材料

1. 菌种

枯草芽孢杆菌（*Bacillus subtilis*）、金黄色葡萄球菌（*Staphylococcus aureus*）和自接细菌菌悬液各 1 支。

2. 仪器和其他用具

显微镜、目镜测微尺、镜台测微尺或者细菌计数板（测量酵母菌、霉菌时需要用血球计数板）。

四、实验内容

1. 目镜测微尺的安装

取出目镜，把目镜上的透镜旋下，将目镜测微尺刻度朝下放在目镜镜筒内的隔板上，然后旋上目镜透镜，再将目镜插回镜筒内（见图 9-2）。

双目显微镜的左目镜通常配有屈光度调节环，不能被取下，因此使用双目显微镜时目镜测微尺一般都被安装在右目镜中。

2. 校正目镜测微尺

将镜台测微尺刻度面朝上放在显微镜载物台上，先用低倍镜观察，将镜台测微尺有刻度的部分移至视野中央，调节焦距，当能清晰地看到镜台测微尺的刻度时，转动目镜使目镜测微尺的刻度与镜台测微尺的刻度平行。利用推动器移动镜台测微尺，使两尺在某一区域内两线完全重合，然后分别数出两重合线之间镜台测微尺和目镜测微尺所占的格数（见

图 9-3）。

用同样的方法校正高倍镜和油镜,分别测出在高倍镜和油镜下两重合线之间两尺所占的格数。

由于已知镜台测微尺每格长 $10\mu m$,根据下列公式即可分别计算出在不同放大倍数下,目镜测微尺每格所代表的长度。

$$目镜测微尺每格长度=\frac{两重合线间镜台测微尺格数×10\mu m}{两重合线间目镜测微尺格数}$$

例如,目镜测微尺 10 小格等于镜台测微尺 2 小格,已知镜台测微尺每格长 $10\mu m$,则 2 小格的长度为 $2×10\mu m=20\mu m$,那么相应的在目镜测微尺上每小格的长度为

$$\frac{2×10\mu m}{10}=2\mu m$$

特别说明:如果要测量的对象是酵母菌、霉菌等真菌细胞且实验室没有镜台测微尺,也可用血球计数板代替,相应的校正目镜测微尺的步骤如下。

将血球计数板刻度面朝上放在显微镜载物台上。先用低倍镜观察,对准焦距,视野中能看清血球计数板的刻度后,转动目镜,使目镜测微尺与血球计数板的刻度平行,移动推动器使两尺重叠,再使两尺的 0 刻度完全重合,定位后,仔细寻找两尺第二个完全重合的刻度。计算两个重合刻度之间目镜测微尺的格数和血球计数板的格数。

用同样的方法校正高倍镜,测出在高倍镜下两个重合刻度之间目镜测微尺的格数和血球计数板的格数。

因为血球计数板的刻度每格长 $50\mu m$,所以由下列公式可以算出目镜测微尺每格所代表的长度。

$$目镜测微尺每格长度=\frac{两重合线间血球计数板格数×50\mu m}{两重合线间目镜测微尺格数}$$

例如,目镜测微尺 10 小格等于血球计数板 2 小格,已知血球计数板每小格为 $50\mu m$,则 2 小格的长度为 $2×50\mu m=100\mu m$,那么相应的在目镜测微尺上每小格的长度为

$$\frac{2×50\mu m}{10}=10\mu m$$

3. 测定菌体大小

取走镜台测微尺或血球计数板,换上细菌染色制片(制片方法参考细菌的简单染色和革兰氏染色部分实验)。先在低倍镜下找到目标像,然后在油镜下转动目镜测微尺,测出细菌菌体的直径或长、宽各占目镜测微尺的格数(不足一格的部分应估计到小数点后一位),最后将所测得的格数乘以目镜测微尺(用油镜时)每格所代表的长度即为该菌的实际大小。

4. 测定完毕

测量完毕后取出目镜测微尺,将目镜放回镜筒,再将目镜测微尺和镜台测微尺或血球计数板分别用擦镜纸擦拭干净,放回盒内保存。

注意事项

(1) 目镜测微尺很轻、很薄,在取放时应特别注意防止其因跌落而损坏。

(2) 观察时光线不宜过强,否则难以找到镜台测微尺的刻度;换高倍镜和油镜校正时务必细心,防止物镜压坏镜台测微尺和损坏镜头。

（3）在更换不同放大倍数的目镜或物镜时必须重新校正目镜测微尺每一格所代表的长度。

（4）测量菌的大小时一般要在同一个涂片上测定 10～20 个菌体，求出平均值才能代表该菌的大小，而且一般是用对数生长期的菌体进行测定。

五、实验报告

（1）记录目镜测微尺标定结果。

① 在低倍镜下：目镜测微尺＿＿＿格＝镜台测微尺（血球计数板）＿＿＿格

目镜测微尺每格＝＿＿＿ μm

② 在高倍镜下：目镜测微尺＿＿＿格＝镜台测微尺（血球计数板）＿＿＿格

目镜测微尺每格＝＿＿＿ μm

③ 在油镜下：目镜测微尺＿＿＿格＝镜台测微尺（血球计数板）＿＿＿格

目镜测微尺每格＝＿＿＿ μm

（2）将各菌测量结果填入表 9-1 中。

表 9-1　各菌测量结果

菌号	大肠杆菌测定结果				金黄色葡萄球菌测定结果		自接细菌测定结果			
	目镜测微尺格数		实际长度/μm		目镜测微尺格数	实际直径/μm	目镜测微尺格数		实际长度/μm	
	宽	长	宽	长			宽	长	宽	长
1										
2										
3										
4										
5										
6										
7										
8										
9										
10										
均值										

六、思考题

习题解答

（1）为什么更换不同放大倍数的目镜或物镜时必须用镜台测微尺重新校正目镜测微尺？

（2）在不改变目镜和目镜测微尺，而改用不同放大倍数的物镜来测定同一细菌的大小时，其测定结果是否相同？为什么？

放线菌的形态结构观察

一、目的要求

（1）掌握观察放线菌形态结构的基本方法。

（2）观察放线菌的形态特征。

二、实验原理

1. 放线菌的形态结构

放线菌（平面示意图见图 10-1）是一类呈丝状生长、以孢子进行繁殖的革兰氏阳性菌，根据菌丝形态和功能可将之分为：营养菌丝、气生菌丝、孢子丝。

孢子丝的形状及在气生菌丝上的排列方式随菌种而异。以分布最广、种类最多、形态特征最典型、与人类关系最密切的链霉菌属（*Streptomyces*）为例，其孢子丝的形状有直立形、弯曲形和螺旋形，孢子丝的着生方式有交替着生、丛生或轮生，如图 10-2 所示。

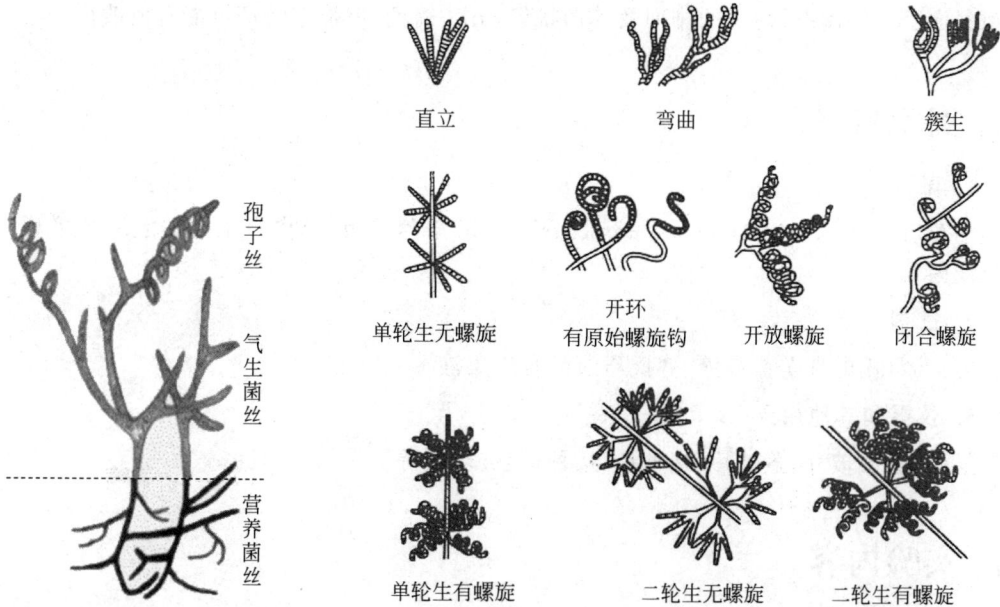

图 10-1　放线菌平面示意图

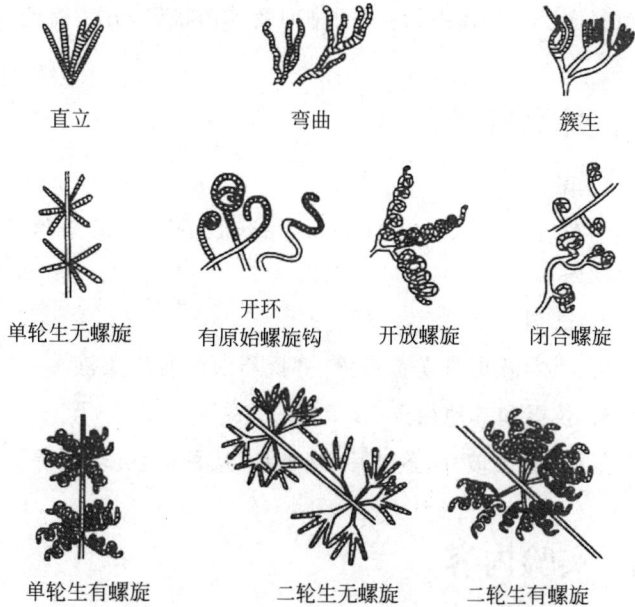

图 10-2　链霉菌属孢子丝的形状和在气生菌丝上的排列方式

2. 放线菌菌落形态

（1）有大量分支营养菌丝和气生菌丝的菌种所形成的菌落。

质地致密，表面呈较紧密的绒状或坚实、干燥、多皱，菌落较小而不蔓延。菌落与培养基结合较紧，不易被挑起或挑起后不易破碎。

典型放线菌菌落

产生孢子后，呈絮状、粉末状或颗粒状的典型放线菌落有的孢子含色素，使菌落表面和背面呈现不同的颜色。某些放线菌的营养菌丝（基内菌丝）因分泌水溶性色素而使培养基染上相应的颜色。不少放线菌还会产生有利于识别它们的土臭味素（geosmin），从而使菌落带有特殊的土腥气味或冰片气味。

（2）不产生大量菌丝体的菌种所形成的菌落。

黏着力差，结构呈粉质状，用针挑起时易破碎。

3. 观察放线菌自然状态的方法

（1）插片法。

将放线菌接种在琼脂平板上，插上灭菌盖玻片后培养之，使放线菌菌丝沿着培养基表面与盖玻片的交界处生长而附着在盖玻片上。观察时，轻轻取出盖玻片，置于载玻片上直接镜检。这种方法可观察到放线菌自然生长状态下的特征，而且方便观察不同生长期的形态特征。

（2）玻璃纸法。

玻璃纸是一种半透膜，将灭菌的玻璃纸覆盖在琼脂平板表面，然后将放线菌接种于玻璃纸上，经培养，放线菌会在玻璃纸上生长形成菌苔。观察时揭下玻璃纸，固定在载玻片上直接镜检。这种方法既能保持放线菌的自然生长状态，也方便观察不同生长期的形态特征。

（3）印片法。

将要观察的放线菌的菌落或菌苔，先印在载玻片上，经染色后观察。这种方法主要用于观察孢子丝的形态、孢子的排列及其形状等，方法简便，但形态特征可能有所改变。

三、实验材料

1. 菌种

细黄链霉菌（*streptomycs micuoflavus*）3～5d 培养平板，分离自土壤的放线菌平板（自接放线菌）。

2. 试剂

0.1‰吕氏碱性美蓝染液、齐氏石炭酸复红染液。

3. 仪器和其他用具

显微镜、载玻片、盖玻片、接种环、接种铲、玻璃纸等。

四、实验内容

1. 观察放线菌的菌落（菌苔）形态

肉眼观察细黄链霉菌和自接放线菌的菌落形态，并将观察结果记录于表 10-1 中。

2. 放线菌自然状态整体观察（玻璃纸法）

（1）铺玻璃纸：以无菌操作的方式用镊子将已灭菌（155～160℃干热灭菌 2h）的玻璃纸片（似盖玻片大小）铺在高氏 1 号培养基平板表面，用无菌玻璃涂棒（或接种环）将玻璃纸压平，使其紧贴在琼脂表面，玻璃纸和琼脂之间不能留有气泡。每个平板可铺 5～10 块玻璃纸。

也可用略小于平板的大张玻璃纸代替小纸片，但观察时需要再剪成小块。

（2）接种：用接种环挑取平板上培养物（孢子），在玻璃纸上划线接种。

（3）培养：将平板倒置，28℃培养 3～5d。

（4）镜检：在洁净载玻片上加一小滴水，用镊子小心取下玻璃纸，菌面朝上放在玻片的水滴上，使玻璃纸平贴在玻片上（中间勿留气泡），先用低倍镜观察，找到合适视野后换高倍镜观察。

3. 营养菌丝的观察

用接种铲连同培养基挑取放线菌菌苔置于载玻片中央，用另一载玻片将其压碎，弃去培养基，制成涂片，干燥、固定。0.1％吕氏碱性美蓝染色 0.5～1min，水洗，干燥后，用油镜镜检观察营养菌丝的形态。

4. 气生菌丝与营养菌丝的比较观察（插片法）

（1）接种：用接种环挑取放线菌培养物（孢子）在琼脂平板上密集划线接种。

（2）插片：以无菌操作的方式用镊子取灭菌盖玻片以约 45°角插入平板琼脂接种线上（一半露在外面）。

（3）培养：将平板倒置，于 28℃培养 3～5d。

（4）镜检：用镊子小心取出盖玻片，用纸擦去背面培养物，菌面朝上放在载玻片上，分别用低倍镜和高倍镜镜检。

观察时，宜用略暗光线；先用低倍镜找到合适视野，再换高倍镜观察。如果用 0.1％吕氏碱性美蓝对培养后的盖玻片染色后观察效果会更好。

5. 孢子丝及孢子的观察（印片法）

（1）印片：用解剖针从放线菌平板培养物中划一块菌苔于载玻片上，菌面朝上，用另一载玻片轻轻在菌苔表面按压，使孢子丝及气生菌丝附着在载玻片上。

（2）固定：将有印迹的一面朝上，通过火焰 2～3 次固定。

（3）染色：用齐氏石炭酸复红染色 1min，水洗、晾干。

（4）镜检：用油镜观察孢子丝的形态特征。

注意事项

（1）插片法镜检宜用略暗光线；先用低倍镜找到视野再换高倍镜；在盖玻片菌体附着部位滴加 0.1％吕氏碱性美蓝染色后观察效果更好。

（2）玻璃纸法操作过程中勿碰动玻璃纸菌面上的培养物。

（3）印片时不要用力过大压碎琼脂，也不要错动，以免改变放线菌的自然形态。

五、实验报告

（1）将细黄链霉菌和自接放线菌的菌落形态填入表 10-1 中。

表 10-1　菌落形态记录

菌　名	湿		干		菌落描述						
	厚薄	大小/mm	松密	大小/mm	表面	边缘	隆起形状	颜色			
								正面	反面	水溶性色素	透明度
细黄链霉菌											
自接放线菌											

（2）绘图说明所观察的放线菌的主要形态特征。

六、思考题

习题解答

（1）玻璃纸培养和观察法是否还可以被用于其他类群生物的培养和观察？为什么？

（2）镜检时,如何区分放线菌的营养菌丝（基内菌丝）和气生菌丝？

实验十一

酵母菌的形态观察及死活细胞的鉴别

一、目的要求

(1) 观察酵母菌的细胞形态及出芽情况。

(2) 掌握区分酵母菌死活的染色方法。

二、实验原理

1. 酵母菌的定义

酵母菌是一个俗名,是无法形成菌丝体的单细胞真菌,呈圆形或卵圆形,多以出芽方式进行无性繁殖。

2. 酵母菌的菌落

酵母菌的菌落与细菌相仿,但由于细胞比细菌的大,细胞内有许多分化的细胞器,细胞间隙含水量相对较少,因此菌落较大、较厚,外观较稠、较不透明,多数呈乳白色,少数呈红色(深红酵母),个别呈黑色(产荚膜线黑粉菌)。假丝酵母属(*Candida*)因可形成藕节状的假菌丝,使菌落的边缘较快向外蔓延,因而会形成较扁平和边缘较不整齐的菌落,很多酵母菌菌落常伴有酒香味。

典型酵母菌菌落

3. 酵母菌的美蓝染色和死活鉴别

美蓝是一种无毒性染料,氧化型呈蓝色,还原型呈无色。

用美蓝对酵母细胞进行活细胞染色,由于细胞的新陈代谢作用,细胞具有较强的还原能力,使美蓝由蓝色的氧化型变为无色的还原型。

还原能力强的活酵母是无色的,死细胞或代谢作用微弱的衰老细胞则是蓝色或淡蓝色,利用此原理即可进行死活鉴别。

三、实验材料

1. 菌种

自接酵母菌、酿酒酵母(*Saccharomyces cerevisiae*)或其他已知酵母菌。

2. 试剂

0.05％和 0.1％吕氏碱性美蓝染液。

3. 仪器和其他用具

显微镜、擦镜纸、载玻片、吸水纸、盖玻片。

四、实验内容

（1）在载玻片中央加一滴 0.1％吕氏碱性美蓝染液，然后按无菌操作用接种环挑取少量酵母菌苔放在染液中，混合均匀。

（2）用镊子取一块盖玻片，将盖玻片一侧与菌液接触，缓慢将盖玻片倾斜并覆盖在菌液上。

（3）将制片放置 3min 后，用低倍镜及高倍镜观察酵母菌的形态和出芽情况，并根据细胞颜色区别死活细胞。

（4）染色 30min 后再次观察，注意死活细胞的比例是否发生变化。

（5）用 0.05％吕氏碱性美蓝染液作为对照同时进行上述实验。

注意事项

（1）用接种环将菌体与染液混合时不要剧烈涂抹，以免破坏细胞。

（2）滴加染液量要适中，否则用盖玻片覆盖时染液过多会溢出，而过少会产生大量气泡。

（3）盖玻片要缓慢倾斜覆盖，以免产生气泡。

五、实验报告

（1）绘图表示酿酒酵母（或其他已知酵母菌）和自接酵母菌的细胞和芽体。

（2）计算酿酒酵母（或其他已知酵母菌）和自接酵母菌的死亡率。

根据观察到的吕氏碱性美蓝染液浓度及作用时间与酿酒酵母死活细胞数量变化的情况，填写表 11-1。

表 11-1　观察结果记录

吕氏碱性美蓝浓度/％	0.1		0.05	
作用时间/min	3	30	3	30
酿酒酵母（或其他已知酵母菌）每视野活细胞数/个				
自接酵母菌每视野活细胞数/个				

习题解答

六、思考题

（1）在显微镜下，酵母菌有哪些突出的特征能区别于一般细菌？

（2）根据观察结果，吕氏碱性美蓝染液浓度及作用时间与酿酒酵母死活细胞比例变化是否有关系？试分析其原因。

实验十二

微生物的显微镜直接计数法

一、目的要求

学习并掌握使用血球计数板进行微生物的直接计数。

二、实验原理

测定微生物数量的方法很多,通常采用的有显微镜直接计数法(镜检计数法)和平板菌落计数法。

显微镜直接计数法(镜检计数法)适用于各种含单细胞菌体的纯培养悬浮液,如有杂菌或杂质则常不易分辨。菌体较大的酵母菌或霉菌孢子可采用血球计数板;一般细菌则可采用彼得罗夫·霍泽(Petroff Hausser)细菌计数板。两种计数板的原理和部件相同,只是细菌计数板较薄,可以使用油镜观察;而血球计数板较厚,不能使用油镜,故细菌不易被看清。本实验以最常用的血球计数板为例对显微镜直接计数法(镜检计数法)的具体操作方法进行介绍。

血球计数板是一块特制的厚载玻片,载玻片上有 4 条槽构成 3 个平台。中间的平台较宽,其中间又被一短横槽分隔成两半,每个半边上面各有一个方格网(见图 12-1(a))。每个方格网共分 9 个大方格(见图 12-2),其中间的一个大方格(又被称为计数室)常被用作微生物的计数。计数室的刻度有两种:一种是大方格分为 16 个中方格,而每个中方格又分成 25 个小方格;另一种是一个大方格分成 25 个中方格,而每个中方格又分成 16 个小方格。但是不管计数室是哪一种构造,它们都有一个共同点,即每个大方格都由 400 个小方格组成(见图 12-3)。

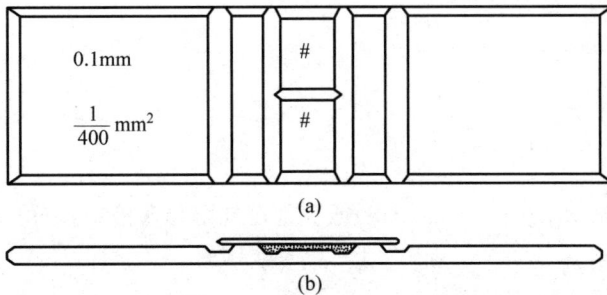

(a)

(b)

图 12-1　血球计数板的构造

(a) 平面图(中间平台分为两半,各刻有一个方格网);(b) 侧面图(中间平台与盖玻片之间有高度为 0.1mm 的间隙)

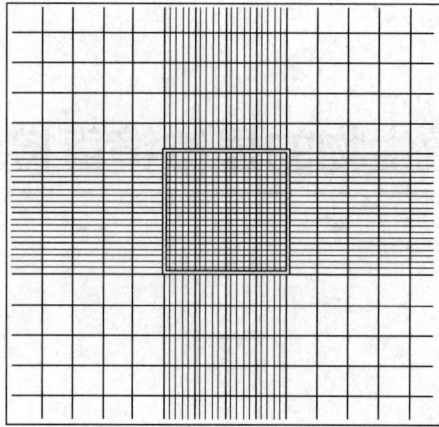

图 12-2   放大后的方格网,中间大方格为计数室

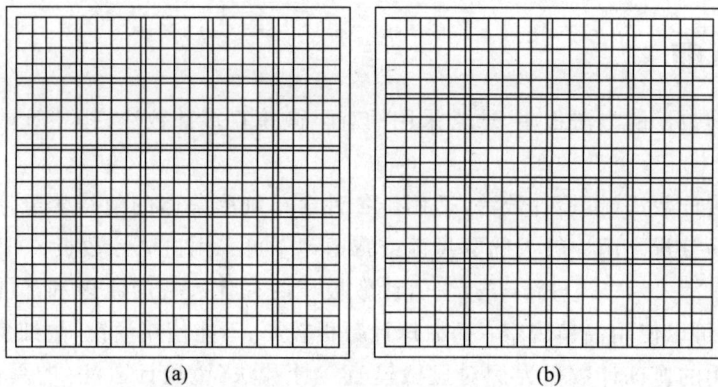

(a)   (b)

图 12-3   两种类型的计数室
(a) 25 中方格×16 小方格型计数板;(b) 16 中方格×25 小方格型计数板

每个大方格边长为 1mm,则每一大方格的面积为 $1mm^2$,每个小方格的面积为 $1/400mm^2$,盖上盖玻片后,盖玻片与计数室底部之间的间隙为 0.1mm(见图 12-1(b)),所以每个计数室(大方格)的体积为 $0.1mm^3$,每个小方格的体积为 $1/4000mm^3$。使用血球计数板直接计数时,先要测定每个小方格(或中方格)中微生物的数量,再换算成每毫升菌液(或每克样品)中微生物细胞的数量。

三、实验材料

1. 菌种

酿酒酵母(*Saccharomyces cerevisiae*)或其他已知酵母菌液、自接酵母菌菌液。

2. 仪器和其他用具

显微镜、血球计数板、盖玻片、吸水纸、尖嘴滴管等。

四、实验内容

（1）视待测菌液浓度，加无菌水适当稀释（斜面一般稀释到 10^{-2}），以每个小方格的菌数可数为宜。

（2）取洁净的血球计数板一块，在计数室上盖一块盖玻片。

（3）将酵母菌液摇匀，用滴管吸取少许，从计数板中间平台两侧的沟槽内沿盖玻片的下边缘滴入一小滴（不宜过多），使菌液沿玻片自行渗入计数室，避免产生气泡，并用吸水纸吸去沟槽中流出的多余菌液。也可以将菌液直接滴加在计数室上，然后加盖盖玻片（避免产生气泡）。

（4）静置约 5min，先在低倍镜下找到计数室，再转换高倍镜观察计数。

（5）计数时如果是 16 中方格计数板，则要按对角线方位，取左上、左下、右上、右下 4 个中方格（即 100 小方格）的酵母菌数（见图 12-4(a)）。如果是 25 中方格计数板，则除数上述 4 格外，还需数中央 1 个中方格的酵母菌数（即 80 小方格）（见图 12-4(b)）。由于菌体在计数室中处于不同的空间位置，要在不同的焦距下才能看到，因而观察时必须不断调节细调螺旋方能数到全部菌体，防止遗漏。如菌体位于中方格的双线上，计数时则数上线不数下线，数左线不数右线，以减少误差。

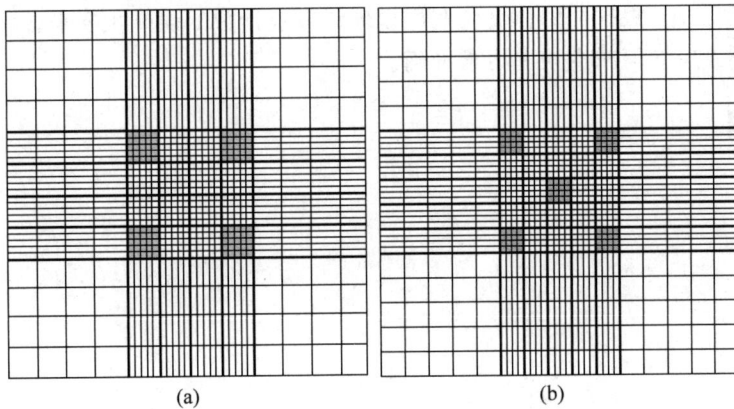

图 12-4　计数板计数区域（加黑区域）

(a) 16 中方格的计数板；(b) 25 中方格的计数板

（6）凡酵母菌的芽体达到母细胞大小一半时，即可作为两个菌体计算。每个样品重复数 2～3 次（每次数值不应相差过大，否则应重新操作），取其平均值，按下述公式计算出每毫升菌液所含酵母菌细胞数。

16 中方格×25 小方格的血球计数板计数公式如下：

细胞数/mL＝100 小方格内细胞个数/100×400×10 000×稀释倍数

25 中方格×16 小方格的血球计数板计数公式如下：

细胞数/mL＝80 小方格内细胞个数/80×400×10 000×稀释倍数

（7）血球计数板使用后，需在水龙头上用水柱冲洗干净（切勿用硬物洗刷或抹擦，以免损坏网格刻度）。洗净后自行晾干或用吹风机吹干。

注意事项

（1）加酵母菌液时量不应过多，避免产生气泡。

（2）由于酵母菌菌体无色透明，故计数观察时应适当降低视野亮度。

五、实验报告

将微生物计数的结果填入表 12-1 中。

表 12-1　计数结果记录

计数次数	每个中方格菌数/个					稀释倍数	待测菌液浓度/（个/mL）	待测菌液浓度平均值/（个/mL）
	1	2	3	4	5			
第一次								
第二次								

六、思考题

习题解答

根据你的体会说明用血球计数板计数的误差主要来自哪些方面，以及应如何减少误差力求准确。

实验十三

霉菌的形态结构观察

一、目的要求

(1) 掌握观察霉菌形态结构的基本方法。

(2) 观察霉菌的形态特征。

二、实验原理

1. 霉菌菌丝及观察

霉菌是由许多交织在一起的菌丝体构成的,其细胞的基本单位是菌丝(即管状细胞)。根据形态和功能的不同,霉菌的菌丝可以分为营养菌丝、气生菌丝和繁殖菌丝(见图 13-1)。

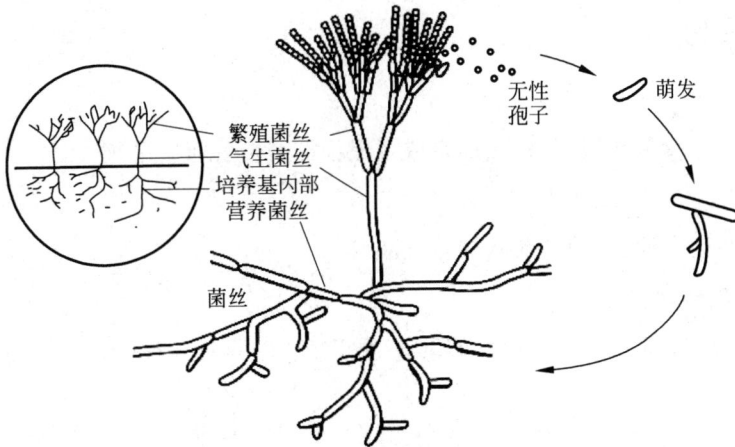

图 13-1 霉菌的形态示意图

霉菌菌丝体(尤其是繁殖菌丝)及孢子的形态特征是识别不同种类霉菌的重要依据。霉菌菌丝比较粗大(菌丝和孢子的直径为 3～10μm),通常是细菌菌体宽度的几倍至几十倍,因此,用低倍显微镜即可观察到。观察霉菌的形态有多种方法,常用的有下列三种。

(1) 直接制片观察法。将培养物置于乳酸石炭酸棉蓝染液中制成霉菌制片镜检。用此染液制成的霉菌制片的特点是:细胞不变形;具有杀菌作用,不易干燥,能保持较长时间;能防止孢子飞散;染液的蓝色能增强反差。必要时,还可用树胶封固,将之制成永久标本长期保存。

（2）载玻片培养观察法。用无菌操作将培养基琼脂薄层置于载玻片上,接种后盖上盖玻片培养,霉菌即在载玻片和盖玻片之间的有限空间内沿盖玻片横向生长。培养一定时间后,将载玻片上的培养物置于显微镜下观察。这种方法既可以保持霉菌的自然生长状态,还便于观察不同发育期的培养物。

（3）玻璃纸培养观察法。霉菌的玻璃纸培养观察法与放线菌的玻璃纸培养观察法相似,这种方法可被用于观察不同生长阶段霉菌的形态,也可获得良好的效果。

2. 霉菌菌落

霉菌主要通过菌丝顶端细胞的不断延伸实现生长,这种生长方式使霉菌能够在琼脂板上从一个点(或接种物)向新的区域延伸,形成放射状菌落。霉菌菌丝在固体培养基上有营养菌丝和气生菌丝的分化,气生菌丝间没有毛细管水,故它们的菌落与细菌和酵母的菌落不同,而与放线菌接近。但霉菌属于真核生物,它们的菌丝直径一般较放线菌大一倍至十倍,长度则更加突出且生长速度极快。由此形成了与放线菌有明显区别的大而疏松(或较致密)的菌落。由于其气生菌丝随生理年龄的增长会形成一定形状、构造和色泽的子实器官,所以有些菌落表面会形成种种肉眼可见的构造。

典型霉菌菌落

总结：霉菌的菌落外观干燥,不透明,且呈现或松或紧的蛛网状、绒毛状或棉絮状,菌落与培养基联系紧密,不易挑起,菌落正反面的颜色不一样,边缘和中心的颜色往往也不一样,菌落表面有时会形成一些肉眼可见的构造。

三、实验材料

1. 菌种

自接霉菌的马铃薯薄层平板、黑曲霉或者黑根霉马铃薯薄层平板。

2. 试剂

吕氏碱性美蓝染液、乳酸石炭酸棉蓝染液。

3. 仪器和其他用具

显微镜、载玻片、盖玻片、接种针、解剖针、解剖刀、培养皿、滤纸,以及曲霉、根霉和青霉的装片。

四、实验内容

1. 对菌落形态及菌落边缘的简易观察

（1）肉眼观察并描述黑曲霉(或黑根霉)、自接霉菌的菌落形态。

（2）低倍镜下观察黑曲霉(或黑根霉)、自接霉菌菌落边缘,直接观察气生菌丝和产孢子结构的形态。

（3）在黑曲霉(或黑根霉)、自接霉菌菌落边缘滴一滴乳酸石炭酸棉蓝染液,盖上盖玻片,在显微镜(低倍、高倍)下观察。

2．直接制片观察

在载玻片上加一滴乳酸石炭酸棉蓝染液,用镊子从黑曲霉(或黑根霉)、自接霉菌菌落边缘处挑取少量已产孢子的霉菌菌丝,先置于50％乙醇中浸一下以洗去脱落的孢子,再放在载玻片上的染液中用解剖针小心地将菌丝分散开,轻轻盖上盖玻片(勿出现气泡),置于低倍镜下观察,必要时换高倍镜观察。

3．载玻片培养观察

(1)培养小室准备及灭菌:在平板皿底铺一张略小于皿底的圆滤纸片,在其上面放一个U形玻璃棒,在U形玻璃棒上放一块载玻片和两块盖玻片,盖上皿盖,于121℃灭菌30min,烘干备用。

(2)琼脂块制备:通过无菌操作用解剖刀由马铃薯薄层平板上切下$1cm^2$左右的琼脂块,将其移至培养小室的载玻片上,每片两块(见图13-2)。

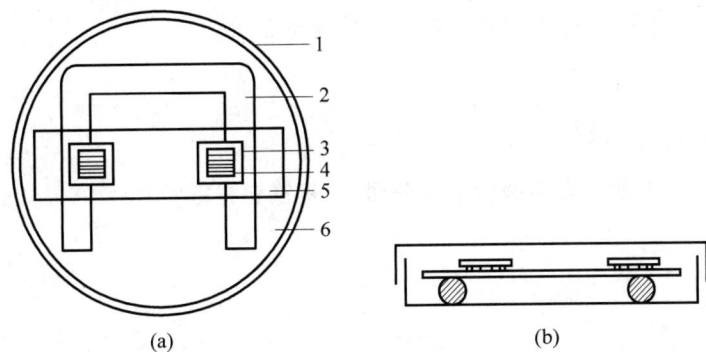

1—培养皿;2—U形玻璃棒;3—盖玻片;4—培养物;5—载玻片;6—保湿用滤纸。

图13-2　载玻片培养法示意图

(a)正面观察;(b)侧面观察

(3)接种:通过无菌操作用接种针从黑曲霉(或黑根霉)、自接霉菌琼脂平板培养物中挑取少量孢子,接种于培养小室中琼脂块边缘上,将盖玻片覆盖在琼脂块上。

(4)培养:通过无菌操作在培养小室中圆滤纸片上加3～5mL灭菌的20％甘油(用于保持湿度),盖上皿盖,于28℃培养。

(5)镜检:根据需要于不同时间取出载玻片,用低倍镜和高倍镜镜检。

4．观察曲霉、根霉和青霉的装片

显微镜下观察曲霉、根霉和青霉的装片,绘制曲霉、根霉和青霉的产孢子结构示意图。

注意事项

(1)在直接制片观察中,用镊子取菌和用解剖针分散菌丝时要细心,尽量减少菌丝断裂及形态破坏,加盖玻片时应避免气泡产生。

(2)在载玻片培养观察中,注意无菌操作,接种量要少并尽可能将分散孢子接种在琼脂块边缘,避免培养后菌丝过于密集影响观察。

五、实验报告

（1）请将黑曲霉（或黑根霉）、自接霉菌的菌落特征填于表 13-1 中。

表 13-1　霉菌的菌落特征记录

菌　　种	形态（包括同心环、放射纹、水滴、凸起等特征的有无）	正面颜色	反面颜色	菌落大小/cm	表面光泽	与培养基结合程度
黑曲霉（或黑根霉）						
自接霉菌						

（2）绘制你所培养的小室微生物的形态，并注明各结构的名称。

（3）绘制表示曲霉、根霉和青霉的产孢子结构示意图。

六、思考题

习题解答

如何在显微镜下区分曲霉、根霉和青霉？

实验十四

细菌生长曲线的测定

一、目的要求

(1) 通过细菌数量的测量了解细菌的生物特征和规律,绘制生长曲线。

(2) 掌握光电比浊法测量细菌数量的方法。

二、实验原理

大多数细菌的繁殖速率很快,在合适的条件下,一定时期的大肠杆菌细胞每20min分裂一次。将一定量的细菌转入新鲜液体培养基中,在适宜的条件下培养细菌要经历延迟期、对数期、稳定期和衰亡期四个阶段。以培养时间为横坐标,以细菌数目的对数或生长速率为纵坐标作图所绘制的曲线被称为细菌的生长曲线。不同的细菌在相同培养条件下的生长曲线不同,同样的细菌在不同培养条件下的生长曲线也不相同。测定细菌的生长曲线、了解其生长繁殖规律,这对人们根据不同的需要有效地利用和控制细菌的生长具有重要意义。

测定微生物细胞数量的方法有多种,比如菌落计数法和显微镜直接计数法,常见的还有光电比浊法。

光电比浊法的原理是细菌悬液的浓度与浑浊度成正比,因此可利用光电比色计测定菌悬液的光密度来推知菌液的浓度。具体操作即用分光光度计(spectrophotometer)进行光电比浊测定不同培养时间细菌悬浮液的 OD 值,绘制生长曲线。也可以直接用试管或带有测定管的三角烧瓶(见图 14-1)测定 klett units 值。如图 14-2 所示,只要接种 1 支试管或 1 个带测定管的三角烧瓶,在不同的培养时间(横坐标)取样测定,以测得的 klett units 值为纵坐标,便可很方便地绘制出细菌的生长曲线。如果需要,可根据公式 1klett units＝OD/0.002 换算出所测菌悬液的 OD 值。

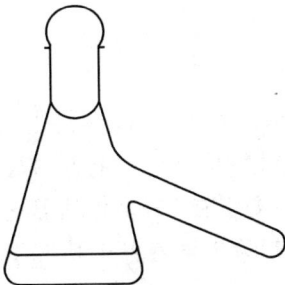

图 14-1　带测定管的三角烧瓶

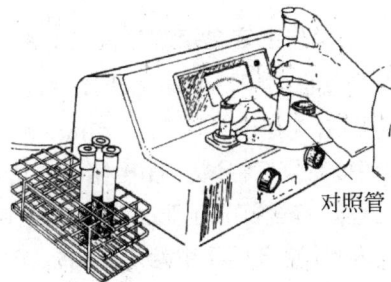

图 14-2　直接用试管测定 OD 值

三、实验材料

1. 菌种

大肠杆菌、自接细菌。

2. 培养基

LB 液体培养基。

3. 仪器和其他用具

722 型分光光度计、水浴振荡摇床、无菌试管、无菌吸管等。

四、实验内容

1. 标记

取 11 支无菌大试管,用记号笔分别标明培养时间,即 0h、1.5h、3h、4h、6h、8h、10h、12h、14h、16h 和 20h。

2. 接种

分别用 5mL 无菌吸管吸取 2.5mL 大肠杆菌过夜培养液(培养 10～12h)转入盛有 50mL LB 液体培养基的三角烧瓶内,混合均匀后分别取 5mL 混合液放入上述标记的 11 支无菌大试管中。

3. 培养

将已接种的试管置于摇床以 37℃振荡培养(振荡频率 250r/min),分别培养 0h、1.5h、3h、4h、6h、8h、10h、12h、14h、16h 和 20h,将标有相应时间的试管取出,立即放冰箱中贮存,最后一同比浊以测定其光密度值。

722 型分光光度
计使用方法

4. 比浊测定

用未接种的 LB 液体培养基作为空白对照,选用 600nm 波长进行光电比浊测定。从最早取出的培养液开始依次测定,对细胞密度大的培养液用 LB 液体培养基适当稀释后测定,使其光密度值在 0.1～0.65(测定 OD 值前将待测定的培养液振荡,使细胞均匀分布)。

5. 同样的操作测定自接细菌的生长曲线

本操作步骤也可用简便的方法代替,如下所示。

(1)用 1mL 无菌吸管吸取 0.25mL 大肠杆菌过夜培养液转入盛有 3～5mL LB 液体培养基的试管中,混匀后将试管直接插入分光光度计的比色槽中,比色槽上方用自制的暗盒将试管及比色暗室全部罩上形成一个大的暗环境,另以一支盛有 LB 液体培养基但没有接种的试管调零点,测定样品中培养 0h 的 OD 值.测定完毕后取出试管置于 37℃下继续振荡培养。

(2)分别在培养 0h、1.5h、3h、4h、6h、8h、10h、12h、14h、16h 和 20h 后取出培养物试管

按上述方法测定 OD 值。该方法准确度高、操作简便,但需注意的是使用的两支试管要很干净,其透光程度愈接近,测定的准确度愈高。

五、实验报告

(1) 将测定的 OD_{600} 值填入表 14-1 中。

表 14-1　OD_{600} 值测定结果

培养时间/h	对照	0	1.5	3	4	6	8	10	12	14	16	20
大肠杆菌的 OD_{600}												
自接细菌的 OD_{600}												

(2) 绘制生长曲线(见图 14-3 和图 14-4)。

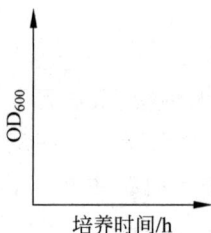

图 14-3　大肠杆菌的生长曲线　　　　图 14-4　自接细菌的生长曲线

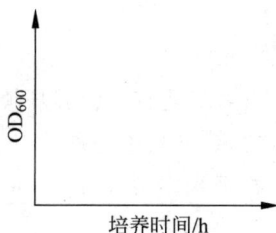

六、思考题

(1) 如果用活菌计数法制作生长曲线,你认为会有什么不同? 两者各有什么优缺点?

(2) 细胞分裂一次,或者群体数量增加一倍所需的平均时间为代时。细菌生长繁殖所经历的四个时期中,哪个时期细菌代时最短? 若细胞密度为 10^3 个/mL,培养 4.5h 后,其密度高达 2×10^8 个/mL,请计算其代时。

(3) 次生代谢产物大量积累于哪个时期? 根据细菌生长繁殖的规律,采用哪些措施可使次生代谢产物积累更多?

习题解答

实验十五

生长谱法测定微生物的营养需求

一、目的要求

学习并掌握生长谱法测定微生物营养需求的基本原理和方法。

二、实验原理

微生物生长繁殖需要适宜的营养环境,碳源、氮源、无机盐、微量元素、生长因子等都是微生物生长所必需的,缺少其中一种,微生物便不能正常生长繁殖。在实验室条件下,人们常用人工配制的培养基来培养微生物,而这些培养基中含有微生物生长所需的各种营养成分。

如果人工配制一种缺乏某种营养物质(例如碳源)的琼脂培养基,接入菌种混合均匀后倒平板,再将所缺乏的营养物质(各种碳源)点植于平板上。在适宜的条件下培养后,如果接种的这种微生物能够利用某种碳源,就会在点植的该种碳源物质周围生长繁殖,呈现出由许多小菌落组成的圆形区域(菌落圈),而该微生物不能利用的碳源周围就不会有微生物生长,最终在平板上呈现一定的生长图形。

不同类型微生物利用不同营养物质的能力不同,所以它们在点植不同营养物质的平板上的生长图形就会有差别,具有不同的生长谱,故可以称此法为生长谱法。生长谱法可以定性定量地测定微生物对各种营养物质的需求,在微生物育种、营养缺陷型鉴定,以及饮食制品质量检测等诸多方面具有重要用途。

三、实验材料

1. 菌种

大肠杆菌、自接细菌。

2. 培养基和试剂

合成培养基:$(NH_4)_3PO_4$ 1g、KCl 0.2g、$MgSO_4 \cdot 7H_2O$ 0.2g、豆芽汁 10mL、琼脂 20g、pH 7.0 的蒸馏水定容至 1L。培养基配好后,加入 12mL 0.04% 的溴甲酚紫作指示剂,将颜色由黄色调为紫色,121℃灭菌 20min。

无菌生理盐水。

3. 糖浸片

糖浸片制备方法：各种糖（木糖、葡萄糖、麦芽糖、蔗糖、乳糖、果糖）分别称取 5g，加 45mL 蒸馏水，配制成各种糖液，105℃灭菌 15min。将无菌的圆形滤纸片置入不同糖液中浸泡 10min 后，小心取出分别置于无菌培养皿中，盖好后于 28℃培养箱中烘干备用，最后置于超净工作台上，开启紫外灯照射 20～30min。

4. 其他用具

无菌培养皿、无菌移液管、无菌滤纸片（$D=5mm$）、无菌镊子等。

四、实验内容

（1）将培养 24h 的大肠杆菌和自接细菌斜面用无菌生理盐水洗下，分别制成菌悬液。

（2）将合成培养基熔化并冷却至 50℃左右，加入 1mL 大肠杆菌（或自接细菌）菌悬液混匀后，倾注于无菌培养皿中制成混菌平板，冷凝后备用。

（3）用记号笔在培养皿底部划分出 6 个均匀植糖区域，用无菌镊子分别夹取相应的糖浸片，对号放入平板的相应区域，并轻轻按压（见图 15-1）。

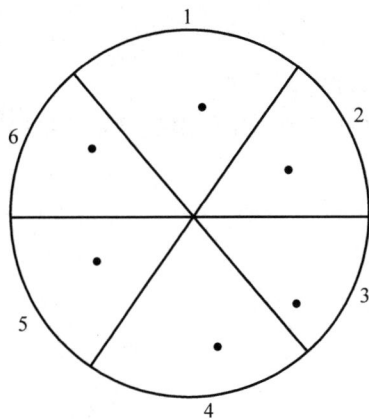

图 15-1　培养皿植糖区域示意图

（4）将平板倒置于 37℃培养箱中培养 18～24h，观察各种糖浸片周围有无菌落圈，注意不同糖浸片指示剂变色区的大小。

注意事项

（1）用无菌镊子分别夹取 6 种糖浸片对号点植，防止糖分交叉污染。

（2）放滤纸片时要轻轻按压，以免倒置培养时糖浸片脱离培养基平板。

五、实验报告

（1）将不同碳源大肠杆菌的生长状况填入表 15-1 中。

表 15-1　不同碳源大肠杆菌的生长状况记录

菌落生长情况	木糖	葡萄糖	麦芽糖	蔗糖	乳糖	果糖
是否有菌落生长						
菌落颜色						
菌落大小/mm						

注：有菌落生长用"＋"表示，没有菌落生长用"－"表示。

（2）将不同碳源自接细菌的生长状况填入表 15-2。

表 15-2　不同碳源自接细菌的生长状况记录

菌落生长情况	木糖	葡萄糖	麦芽糖	蔗糖	乳糖	果糖
是否有菌落生长						
菌落颜色						
菌落大小/mm						

注：有菌落生长用"＋"表示，没有菌落生长用"－"表示。

（3）根据上述表格判断大肠杆菌和自接细菌生长所需碳源是什么。

六、思考题

习题解答

（1）什么是生长谱法？

（2）试设计一个用生长谱法测定微生物对氮源营养需求的实验。

实验十六

物理因素对微生物生长的影响

一、目的要求

了解氧气、温度、渗透压、pH 值等物理因素对微生物生长的影响。

二、实验原理

微生物生长繁殖会受外界环境因素影响,环境条件适宜时微生物生长良好,环境条件不适宜时微生物生长则会受到抑制,甚至导致死亡。物理、化学、生物及营养等不同环境因素影响微生物生长繁殖的机制不尽相同,而不同类型微生物对同一环境因素的适应能力也有差别。

1. 氧气对微生物生长的影响

各种菌对氧气的需求是不同的,这反映了不同种类微生物细胞内生物氧化酶系统的差别。根据对氧气的需求及耐受能力的不同可将微生物分为五类,包括好氧菌(aerobe)、兼性厌氧菌(facultative anaerobe)、耐氧厌氧菌(aerotolerant anaerobe)、专性厌氧菌(obligate anaerobe)和微好氧菌(microaerobe)。五类菌在半固体琼脂柱中生长的情况如图 16-1 所示。

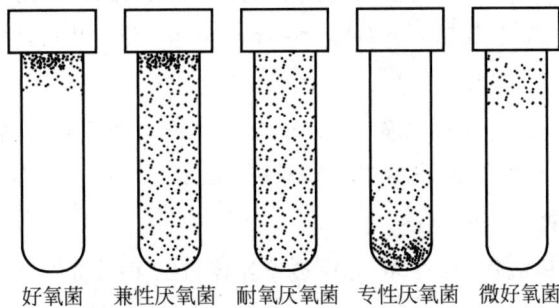

图 16-1 氧气与微生物生长的关系

2. 温度对微生物生长的影响

温度通过影响蛋白质、核酸等生物大分子的结构与功能,以及细胞结构(如细胞膜的流动性及完整性)来影响微生物的生长、繁殖和新陈代谢。过高的环境温度会导致蛋白质或核酸变性失活,而过低的温度则会使酶活力受到抑制,使细胞的新陈代谢活动减弱。每种微生物只能在一定的温度范围内生长,低温微生物最高生长温度不超过 20℃,中温微生物的最高生长温度低于 45℃,而高温微生物则能在 45℃ 以上的温度条件下正常生长,某些极端高温微生物甚至能在 100℃ 以上的温度条件下生长。

3. 渗透压对微生物生长的影响

在等渗溶液中,微生物通常能正常生长繁殖;在高渗溶液(如高盐、高糖溶液)中,细胞失水收缩,而水分是微生物生理生化反应所必需的,失水会抑制其生长繁殖;在低渗溶液中,细胞吸水膨胀,细菌、放线菌、霉菌及酵母菌等大多数微生物具有较为坚韧的细胞壁,而且个体较小,因而在低渗溶液中一般不会像无细胞壁的细胞那样容易发生裂解,具有细胞壁的微生物受低渗透压的影响不大。不同类型微生物对渗透压变化的适应能力不尽相同,大多数微生物在 0.5%~3% 的盐浓度范围内可正常生长,而 10%~15% 的盐浓度能抑制大部分微生物的生长。但嗜盐细菌在低于 15% 的盐浓度环境中不能生长,某些极端嗜盐细菌可在盐浓度高达 30% 的条件下生长良好。

4. pH 值对微生物生长的影响

pH 值对微生物生长的影响是通过三方面实现的:一是使蛋白质、核酸等生物大分子所带电荷发生变化,从而影响其生物活性;二是引起细胞膜电荷变化,导致微生物细胞吸收营养物质的能力发生改变;三是改变环境中营养物质的可给性及有害物质的毒性。不同微生物对 pH 值条件的要求各不相同,一般只能在一定的 pH 值范围内生长,这个 pH 值范围有宽有窄,而其生长最适 pH 值常限于一个较窄的范围。对 pH 值条件的不同要求在一定程度上反映了微生物对环境的适应能力。

三、实验材料

1. 菌种

大肠杆菌(*Escherichia coli*)、枯草芽孢杆菌(*Bacillus subtilis*)、嗜热脂肪芽孢杆菌(*Bacillus stearothermophilus*)、盐沼盐杆菌(*Halobacterium salinarium*)、粪产碱杆菌(*Alcaligenes faecalis*)、酒酿醋酸杆菌(*Acetobacter cerevisiae*)和自接细菌。

2. 培养基和试剂

分别含 0.85%、5%、10%、15% 及 25%NaCl 的牛肉膏蛋白胨培养基,pH 值分别为 3、5、7 和 9 的牛肉膏蛋白胨培养液,无菌水,无菌生理盐水。

3. 仪器和其他用具

无菌培养皿、无菌移液管、接种环、无菌玻璃涂棒,722 型分光光度计等。

四、实验内容

1. 氧气对细菌生长的影响

(1)将大肠杆菌、枯草芽孢杆菌和自接细菌斜面中加入 2mL 无菌生理盐水,制成菌悬液。

(2)将装有牛肉膏蛋白胨培养基的试管置于 100℃ 水浴中熔化并保温 5~10min。

（3）将试管取出于室温静置冷却至 45～50℃，做好标记，以无菌操作吸取 0.1mL 大肠杆菌、枯草芽孢杆菌和自接细菌菌悬液加入相应试管中，双手快速搓动试管（见图 16-2），避免振荡使过多的空气混入培养基，待菌种均匀分布于培养基内再将试管置于冰浴中，使琼脂迅速凝固。

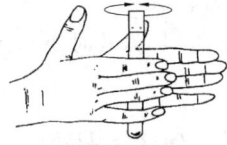

图 16-2   搓动试管示意图

（4）将上述试管置于 28℃温室中静置保温 48h 后开始进行连续观察，直至结果清晰为止。

2. 温度对细菌生长的影响

（1）将牛肉膏蛋白胨培养基熔化后倒于平板。

（2）取 8 套凝固后的牛肉膏蛋白胨培养基平板，在皿底用记号笔划分为四部分，分别标上大肠杆菌、枯草芽孢杆菌、嗜热脂肪芽孢杆菌和自接细菌。

（3）在上述平板各个区域分别以无菌操作划线接种相应的 4 种菌（见图 16-3），各取两套平板倒置于 4℃、20℃、37℃及 60℃条件下保温 24～48h，观察细菌的生长状况。

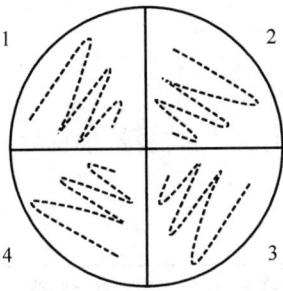

图 16-3   4 种菌的接种分布示意图

注意事项

倒平板时培养基的量需要适当增加，使凝固后的培养基厚度为一般培养基厚度的 1.5～2 倍，避免在高温（60℃）条件下培养微生物时培养基干裂。

3. 渗透压对细菌生长的影响

（1）将含 0.85%、5%、10%、15% 及 25%NaCl 的牛肉膏蛋白胨培养基熔化、倒平板。

（2）在已凝固的干板皿底用记号笔将之划分为四部分，分别标上大肠杆菌、枯草芽孢杆菌、盐沼盐杆菌和自接细菌（接种分布同图 16-3）。

（3）以无菌操作在相应区域分别划线接种大肠杆菌、枯草芽孢杆菌、盐沼盐杆菌和自接细菌，避免杂菌污染或相互污染。

（4）将上述平板置于 28℃温室中，4d 后观察并记录含不同浓度 NaCl 的平板上 4 种菌的生长状况。

注意事项

无菌操作要严格，避免将不同的菌种混杂。

4. pH 值对细菌生长的影响

（1）以无菌操作吸取适量无菌生理盐水加入到大肠杆菌、粪产碱杆菌、酿酒醋酸杆菌和自接细菌斜面试管中，制成菌悬液，使其 OD_{600} 值均为 0.05。

（2）以无菌操作分别吸取 0.1mL 上述 4 种菌悬液，分别接种于装有 5 mL pH 值为 3、5、7、9 的牛肉膏蛋白胨培养液的大试管中，37℃保温 24～48h。

（3）将上述试管取出，以未接种的牛肉膏蛋白胨培养液为对照，利用 722 型分光光度计测定培养物的 OD_{600} 值。

注意事项

吸取菌液时要将菌液吹打均匀,保证各管中接入的菌液浓度一致。

五、实验报告

1. 氧气对细菌生长的影响

将实验结果记录于表 16-1 中,用文字描述其生长位置(表面生长、底部生长、接近表面生长、均匀生长、接近表面生长旺盛等),并确定微生物的类型。

表 16-1　氧气对细菌生长的影响记录

菌　　名	生 长 位 置	类　　型
大肠杆菌		
枯草芽孢杆菌		
自接细菌		

2. 温度对细菌生长的影响

比较 4 种细菌在不同温度条件下的生长状况("－"表示不生长,"＋"表示生长较差,"＋＋"表示生长一般,"＋＋＋"表示生长良好),将结果填入表 16-2 中。

表 16-2　温度对细菌生长的影响记录

温度/℃	大 肠 杆 菌	枯草芽孢杆菌	嗜热脂肪芽孢杆菌	自 接 细 菌
4				
20				
37				
60				

3. 渗透压对细菌生长的影响

将实验结果填入表 16-3 中("－"表示不生长,"＋"表示生长,"＋＋"表示生长良好)。

表 16-3　渗透压对细菌生长的影响记录

菌　　名	NaCl 浓度/%				
	0.85	5	10	15	25
大肠杆菌					
枯草芽孢杆菌					
盐沼盐杆菌					
自接细菌					

4. pH 值对细菌生长的影响

将测定结果填入表 16-4 中,说明 4 种微生物各自的生长 pH 值范围及最适 pH 值。

表 16-4　pH 值对细菌生长的影响记录

菌　名	pH 值			
	3	5	7	9
大肠杆菌				
粪产碱杆菌				
酿酒醋酸杆菌				
自接细菌				

六、思考题

（1）在熔化的培养基中接入菌种后，为何搓动试管而不是振荡试管来使菌种均匀分布于培养基中？

（2）解释不同类型微生物在琼脂深层培养基中生长位置为何不同？

（3）为什么微生物最适合的生长温度并不一定等于其代谢或发酵的最适温度？

（4）列举几个在日常生活中人们利用渗透压来抑制微生物生长的例子。

（5）氨基酸、蛋白质为何被称为天然缓冲系统？

习题解答

实验十七

药物和生物因素对微生物生长的影响(抑菌试验)

一、目的要求

(1) 了解化学消毒剂对微生物生长的抑制效应。

(2) 了解生物因素对微生物生长的影响。

二、实验原理

1. 化学消毒剂对细菌生长的影响

常用的化学消毒剂主要有重金属及其盐类、有机溶剂(酚、醇、醛等)、卤族元素及其化合物、染料和表面活性剂等。

有机溶剂可使蛋白质及核酸变性,也可破坏细胞膜透水性使内含物外溢。

碘可与蛋白质酪氨酸残基不可逆结合而使蛋白质失活。

染料在低浓度条件下可抑制细菌生长,但对细菌的作用具有选择性,革兰氏阳性菌(G^+菌)比革兰氏阴性菌(G^-菌)对染料更加敏感。

表面活性剂能降低溶液表面张力,作用于细胞膜能改变其透水性,同时使蛋白质变性。

验证化学消毒剂的杀(抑)菌作用最常见的方法是滤纸片法(见图 17-1)。图中的药物纸片可以是浸有各种化学消毒剂的纸片,也可以是浸有抗生素的纸片。

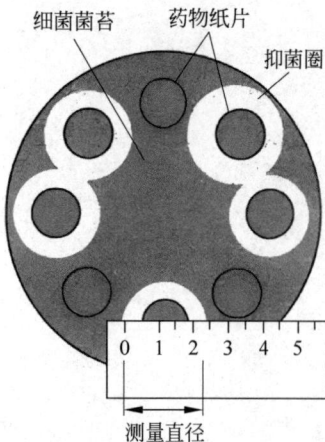

图 17-1　滤纸片法测定化学消毒剂的杀(抑)菌作用

2. 生物因素对细菌生长的影响

许多微生物在生命活动的过程中能产生某种特殊的代谢产物(如抗生素),具有选择性地杀死或抑制其他微生物的作用。

每种抗生素都有自己的抗菌范围,被称为抗菌谱。凡抗菌谱(即抗菌范围)不广泛的抗生素被称为窄谱抗生素,如青霉素只对革兰氏阳性菌有抗菌作用,而对革兰氏阴性菌、结核菌、立克次体等均无疗效,故青霉素属于窄谱抗生素。相反,氯霉素、四环素等由于对革兰氏阳性菌、革兰氏阴性菌、立克次体、沙眼衣原体、肺炎支原体等都有不同程度的抑制作用,所以被称为广谱抗生素。20 世纪 90 年代以来,抗生素的种类和应用范围都有了飞速发展,原来的窄谱抗生素(如青霉素)经过改造,产生了许多半合成的青霉素,扩大了原来的抗菌范围(如氨苄青霉素、羟氨苄青霉素),不但对革兰氏阳性菌有效,而且对革兰氏阴性菌也很有效,对伤寒杆菌、痢疾杆菌效果也不错。近年来出现的第三代头孢菌素抗菌谱也很广。总的来说,窄谱抗生素针对性强,不容易产生二重感染,但在治疗严重或混合多种细菌感染时需要联合用药;而广谱抗生素抗菌谱广,应用范围大,但容易产生耐药、二重感染等,针对性不如窄谱抗生素强。所以广谱抗生素和窄谱抗生素各有利弊,必须正确对待,合理选用。

利用滤纸条法可初步测定抗生素的抗菌谱。当滤纸条上的抗生素溶液在琼脂平板上向四周扩散后可形成抗生素浓度由高到低的梯度,将不同实验菌与滤纸条垂直划线接种,培养后,根据抑菌带的长短可判断该抗生素对不同实验菌生长的影响程度,初步确定其抗菌谱。

三、实验材料

1. 菌种

大肠杆菌(*Escherichia coli*)、枯草芽孢杆菌(*Bacillus subtilis*)和自接细菌。

2. 培养基和试剂

牛肉膏蛋白胨琼脂培养基、豆芽汁葡萄糖培养基、2.5%碘酒、5%石炭酸、75%乙醇、0.3%新洁尔灭、1%来苏尔、结晶紫、青霉素溶液(80万单位/mL)、氨苄青霉素溶液(80万单位/mL)、无菌水、无菌生理盐水。

3. 仪器和其他用具

无菌培养皿、无菌移液管、无菌滤纸片($D=5$mm)、无菌滤纸条、无菌镊子、接种环、无菌玻璃涂棒、722型分光光度计。

四、实验内容

1. 滤纸片法测定化学消毒剂的杀(抑)菌作用

(1) 将已灭菌的牛肉膏蛋白胨琼脂培养基倒入无菌培养皿中,水平放置待凝。

(2) 分别用无菌的枪头吸取0.2mL培养18h的大肠杆菌、枯草芽孢杆菌和自接细菌的培养液加入到上述平板中,用无菌的玻璃涂棒涂布均匀。

(3) 将已涂布好的平板皿底划分成6等份,在每一份内标明一种消毒剂的名称(如2.5%碘酒、5%石炭酸、75%乙醇、0.3%新洁尔灭、1%来苏尔、结晶紫)。

(4) 用无菌的镊子将已灭菌的圆形滤纸片分别浸入装有各种消毒剂溶液的试管中浸湿,在试管内壁沥去多余药液,以无菌操作将滤纸片贴在平板相应区域,平板中间贴上浸有无菌生理盐水的滤纸片作为对照。

(5) 37℃培养48h,测定各药物对大肠杆菌、枯草芽孢杆菌和自接细菌的抑菌直径。

86　微生物学实验

注意事项

（1）注意取出滤纸片时保证各滤纸片所含消毒剂溶液量基本一致，并在试管内壁沥去多余药液。

（2）不要在培养基表面拖动滤纸片，避免消毒剂不均匀扩散。

2. 生物因素对细菌生长的影响

（1）将豆芽汁葡萄糖培养基（酵母膏胨葡萄糖培养基（YPD））熔化后，倒入两个无菌培养皿中，水平放置待凝。

（2）按无菌操作规范，用镊子将无菌滤纸条分别浸入青霉素溶液和氨苄青霉素溶液中润湿，并在容器内沥去多余溶液，再将滤纸条分别粘贴在两个已凝固的平板上。

（3）按无菌操作规范，用接种环从滤纸条边缘分别垂直向外划直线接种大肠杆菌、枯草芽孢杆菌和自接细菌（见图 17-2）。

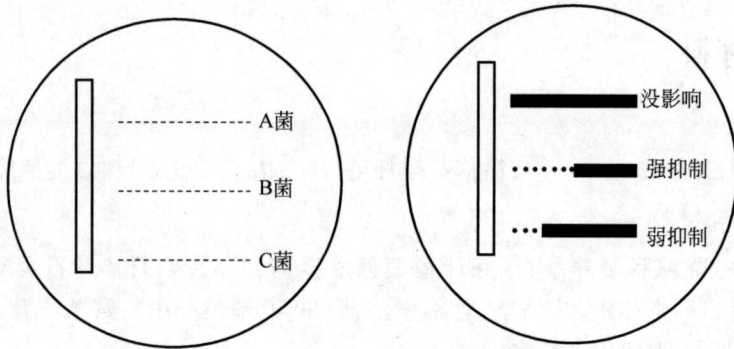

图 17-2　抗生素的抗菌谱试验示意图

（4）37℃培养 48h 后观察两种抗生素对大肠杆菌、枯草芽孢杆菌和自接细菌的抑制效果。

注意事项

溶液量不要太多，而且在贴滤纸条时不要拖动滤纸条，避免抗生素溶液在培养基中分布不均匀。

五、实验报告

（1）将各种化学消毒剂对大肠杆菌、枯草芽孢杆菌和自接细菌的杀（抑）菌效果填入表 17-1。

表 17-1　化学消毒剂的杀（抑）菌效果记录

消　毒　剂	对大肠杆菌的抑菌直径/mm	对枯草芽孢杆菌的抑菌直径/mm	对自接细菌的抑菌直径/mm
2.5%碘酒			
5%石炭酸			
75%乙醇			
0.3%新洁尔灭			
1%来苏尔			
结晶紫			

（2）将生物因素对细菌生长的影响记录到表 17-2 中。

表 17-2　生物因素对细菌生长的影响记录

抗　生　素	抑菌效果		
	大肠杆菌	枯草芽孢杆菌	自接细菌
青霉素			
氨苄青霉素			

六、思考题

（1）本实验中使用的 2.5％碘酒、5％石炭酸、75％乙醇、0.3％新洁尔灭、1％来苏尔、结晶紫抑菌的原理分别是什么？

（2）为什么滤纸片和滤纸条都不能浸过多的药液？

习题解答

实验十八

常见的生理生化试验 I

一、目的要求

(1) 证明不同微生物对各种有机大分子的水解能力不同,从而说明不同微生物有着不同的酶系统。

(2) 掌握进行微生物大分子水解试验的原理和方法。

二、实验原理

微生物不能直接利用大分子的淀粉、脂肪和蛋白质,必须靠产生的胞外酶将大分子物质分解后才能吸收利用。胞外酶主要为水解酶,通过水解作用将大分子物质裂解成小分子物质,使其能被运输至细胞内。如淀粉酶能将淀粉水解为小分子的糊精、双糖和单糖;脂肪酶能将脂肪水解为甘油和脂肪酸;蛋白酶能将蛋白质水解为氨基酸等。这些过程均可通过观察细菌菌落周围的物质变化来证实:淀粉遇碘液会变成蓝色,用碘测定时细菌水解淀粉的区域不再变成蓝色,可以证明细菌产生了淀粉酶。脂肪水解后产生的脂肪酸可改变培养基的 pH 值,使 pH 值降低,加入培养基的中性红指示剂会使培养基从淡红色变为深红色,说明胞外存在着脂肪酶。

微生物可以利用各种蛋白质和氨基酸作为氮源,当缺乏糖类物质时,亦可用它们作为碳源和能源。明胶是由胶原蛋白经水解产生的蛋白质,在 25℃ 以下可维持凝胶状态以固体形式存在,而在 25℃ 以上就会液化。有些微生物可产生一种被称为明胶酶的胞外酶,使明胶水解后呈液化状态,甚至在 4℃ 仍能保持液化状态。

还有些微生物能水解牛奶中的蛋白质酪素,酪素的水解可用石蕊培养基来检测。石蕊培养基由脱脂牛奶和石蕊组成,是浑浊的蓝色,酪素水解成氨基酸和肽后,培养基就会变得透明。石蕊培养基也常被用来检测乳糖发酵,因为在酸性条件下,石蕊会转变为粉红色,而过量的酸可引起牛奶的固化(凝乳形成)。氨基酸的分解则会引起碱性反应,使石蕊变为紫色。此外,某些细菌能还原石蕊,使试管底部变为白色。

尿素是由大多数哺乳动物消化蛋白质后被分泌在尿中的废物。尿素酶能分解尿素释放出氨,这是一个分辨细菌很有用的诊断试验。尽管许多微生物都可以产生尿素酶,但它们利用尿素的速度比变形杆菌属(*Proteus*)的细菌要慢,因此尿素酶试验被用来从其他非发酵乳糖的肠道微生物中快速区分这个属的成员。尿素琼脂含有蛋白胨、葡萄糖、尿素和酚红。酚红在 pH 值达 6.8 时为黄色,而在培养过程中,产生尿素酶的细菌将分解尿素产生氨,使培养基的 pH 值升高,在 pH 值升至 8.4 时,指示剂就转变为深粉红色。

三、实验材料

1. 菌种

枯草芽孢杆菌、大肠杆菌、金黄色葡萄球菌、普通变形杆菌($Proteus\ vulgaris$)、自接细菌。

2. 培养基和试剂

固体淀粉培养基、固体油脂培养基、明胶培养基试管、石蕊培养基试管、尿素琼脂试管、革兰氏染色用鲁氏碘液。

3. 仪器或其他用具

无菌平板、无菌试管、接种环、接种针、试管架等。

四、实验内容

1. 淀粉水解试验

(1)将固体淀粉培养基熔化后冷却至 50℃ 左右,以无菌操作制成平板。

(2)用记号笔将平板底部划分为四部分。

(3)将枯草芽孢杆菌、大肠杆菌、金黄色葡萄球菌、自接细菌分别在不同的部分划线接种,在平板的底部写上对应菌名。

(4)将平板倒置在 37℃ 温箱中培养 24h。

(5)观察各种细菌的生长情况,打开平板盖子,滴入少量鲁氏碘液于平板中,轻轻旋转平板,使碘液均匀铺满整个平板。

如菌苔周围出现无色透明圈则说明淀粉已被水解,为阳性。透明圈的大小可初步判断该菌水解淀粉能力的强弱,即产生胞外淀粉酶活力的高低。

2. 油脂水解试验

(1)将熔化的固体油脂培养基冷却至 50℃ 左右,充分摇荡,使油脂均匀分布。以无菌操作倒入平板,待凝。

(2)用记号笔将平板底部划分为四部分,分别标上枯草芽孢杆菌、大肠杆菌、金黄色葡萄球菌、自接细菌。

(3)将上述 4 种菌分别用无菌操作划"+"字接种于平板对应部分的中心。

(4)将平板倒置,于 37℃ 温箱中培养 24h。

(5)取出平板,观察菌苔颜色,如出现红色斑点则说明脂肪被水解,为阳性反应。

3. 明胶水解试验

(1)取 4 支明胶培养基试管,用记号笔分别标上枯草芽孢杆菌、大肠杆菌、金黄色葡萄球菌、自接细菌。

半固体穿刺接种操作视频

半固体穿刺接种思维导图

(2) 用接种针分别穿刺接种枯草芽孢杆菌、大肠杆菌、金黄色葡萄球菌、自接细菌。

(3) 将接种后的试管置于 20℃温箱中,培养 2～5d。

(4) 观察明胶液化情况。

如菌已生长,明胶表面无凹陷且为稳定的凝块则为明胶水解阴性;如明胶凝块部分或全部在 20℃以下变为可流动的液体则为明胶水解阳性。如菌已生长,明胶未液化,但明胶表面菌苔下出现凹陷小窝(需与未接种的对照管比较,培养过久的明胶因水分失散也会凹陷)也是轻度水解,按阳性记录。若细菌未生长则或是细菌未在明胶培养基上生长,或是基础培养基不适宜。

4. 石蕊牛奶试验

(1) 取三支石蕊培养基试管,用记号笔分别标上普通变形杆菌、金黄色葡萄球菌、自接细菌。

(2) 分别接种普通变形杆菌、金黄色葡萄球菌和自接细菌。

(3) 将接种后的试管置于 35℃温箱中,培养 24～48h。

(4) 观察培养基的颜色变化。石蕊在酸性条件下为粉红色,在碱性条件下为紫色,而被还原时为白色。

5. 尿素酶试验

(1) 取三支尿素琼脂试管,用记号笔分别标上普通变形杆菌、金黄色葡萄球菌、自接细菌。

(2) 分别接种普通变形杆菌、金黄色葡萄球菌和自接细菌。

(3) 将接种后的试管置于 35℃温箱中,培养 24～48h。

(4) 观察培养基的颜色变化。存在尿素酶时为红色,无尿素酶时应为黄色。

注意事项

明胶质量不一,在培养基中所用浓度也难统一,以在 20℃时凝固成稳定的凝块为宜。如某品牌明胶,日常用量 10% 较为适宜,夏天明胶培养基不易凝固时,则用 12%。为了便于比较,在同一实验室内,最好用同一牌号同一浓度的明胶。

五、实验报告

将实验结果填入表 18-1 中,"＋"表示阳性,"－"表示阴性。

表 18-1　大分子物质的水解试验结果记录

菌　　名	淀粉水解试验	油脂水解试验	明胶水解试验	石蕊牛奶试验	尿素酶试验
枯草芽孢杆菌					
大肠杆菌					
金黄色葡萄球菌					
普通变形杆菌					
自接细菌					

六、思考题

（1）你怎样解释淀粉酶是胞外酶而非胞内酶？

（2）接种后的明胶试管可以在 35℃ 培养，在培养后你必须做什么才能证明水解存在？

（3）解释石蕊培养基中的石蕊为什么能起到氧化还原指示剂的作用？

（4）为什么尿素酶试验可用于鉴定变形杆菌属（Proteus）细菌？

习题解答

常见的生理生化试验 II

一、目的要求

了解糖发酵试验和 IMViC 试验的原理及其在细菌菌种鉴定中的意义和方法。

二、实验原理

各种细菌具有各自独特的酶系统,因而对底物的分解能力不同,代谢产物也不同。

用生理生化试验测定这些代谢产物,可以区别和鉴定细菌的种类。

生理生化试验的种类很多,最常见的就是糖发酵试验和 IMViC 试验。IMViC 是吲哚试验(indol test)、甲基红试验(methyl red test)、V-P 试验(Voges-Prolauer test)和柠檬酸盐试验(citrate test)4 个试验的缩写,i 是为英文发音方便而加上去的。

1. 糖发酵试验原理

糖发酵试验(见图 19-1)是常用于鉴别微生物的生化反应,在肠道细菌的鉴定上尤为重要。

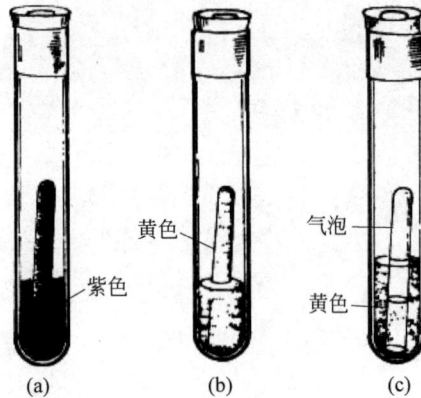

图 19-1　糖发酵试验

(a)培养前的情况;(b)培养后产酸不产气;(c)培养后产酸产气

绝大多数细菌都能利用糖类作为碳源和能源,但是它们分解糖类物质的能力有很大的差异。

有些细菌能分解某种糖,如大肠杆菌能分解葡萄糖和乳糖。

有些细菌分解某种糖会产生有机酸(如乳酸、醋酸、丙酮酸等)和气体(如氢气、甲烷、二氧化碳等),如大肠杆菌分解葡萄糖会产生酸并产生气。

有些细菌分解某种糖只产酸不产气,如伤寒杆菌分解葡萄糖产酸不产气。

有些细菌不能分解某种糖,如伤寒杆菌能分解葡萄糖,但不能分解乳糖。

培养基里添加了溴甲酚紫或溴百里酚蓝,溴甲酚紫在 pH 值小于 5.2 时呈黄色,pH 值在 5.2~6.8 时颜色将由黄变紫,pH 值大于 6.8 时呈紫色。

利用某种糖产酸可通过培养基中溴甲酚紫由紫变黄来表示(或溴百里酚蓝由蓝变黄(绿)来证实),而产气则可通过德汉氏小管有无气泡来证实。

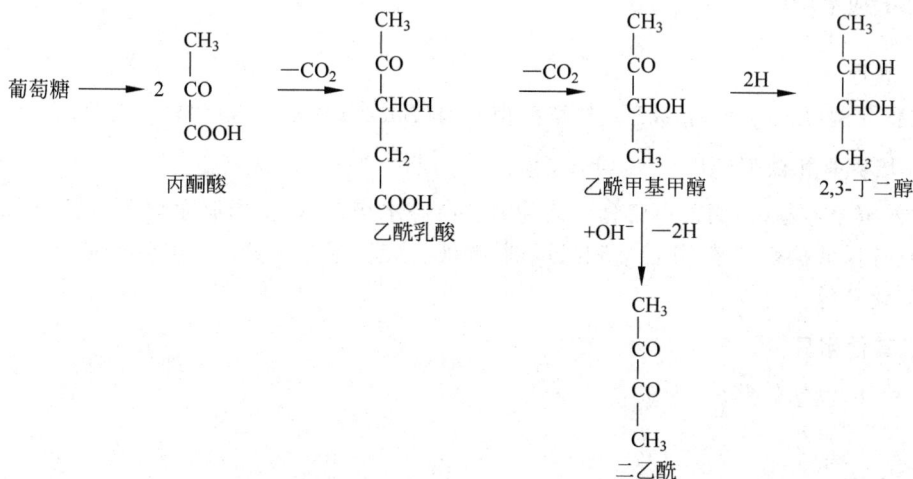

糖发酵试验效果

2. 柠檬酸盐试验原理

测定细菌能否利用柠檬酸盐作为碳源。

培养基里添加了溴百里酚蓝(溴麝香草酚蓝),溴百里酚蓝在 pH 值小于 6.0 时呈黄色,pH 值在 6.0~7.0 时呈绿色,pH 值大于 7.0 时呈蓝色。

某些细菌在分解柠檬酸钠及培养基中的磷酸二氢铵后会产生碱性化合物,使培养基的 pH 值升高,呈碱性环境,颜色将由绿变蓝。

柠檬酸盐
试验效果

3. 甲基红试验原理

肠杆菌科各菌属都能发酵葡萄糖,在分解葡萄糖过程中产生丙酮酸,在进一步分解中,由于糖代谢的途径不同,这些菌可能产生乳酸、琥珀酸、醋酸和甲酸等大量酸性产物,可使培养基 pH 值下降至 4.5 以下,此 pH 值将使甲基红由黄变红,如加入甲基红试剂后培养基变红,则甲基红试验阳性。

大肠杆菌混合酸发酵产生大量的酸,可以使培养基的 pH 值下降到 4.5 以下,大肠杆菌即为甲基红试验阳性。

甲基红试验效果

4. V-P 试验原理

某些细菌在葡萄糖蛋白胨水培养基中能分解葡萄糖产生丙酮酸,丙酮酸缩合、脱羧成 3-羟基丁酮(乙酰甲基甲醇),而 3-羟基丁酮在碱性条件下,用 α-萘酚催化生成二乙酰,二乙酰和培养基蛋白胨中精氨酸的胍基能生成红色化合物。

V-P 试验效果

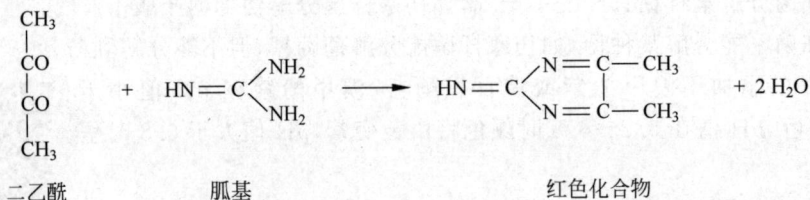

二乙酰　　　　　　胍基　　　　　　　红色化合物

5. 吲哚试验原理

某些细菌含有色氨酸酶,分解蛋白质中的色氨酸将生成吲哚和丙酮酸。吲哚与对二甲氨基苯甲醛结合形成红色的玫瑰吲哚。吲哚试剂含对二甲氨基苯甲醛,加入吲哚试剂后呈红色即为吲哚试验阳性,不变色则为阴性。

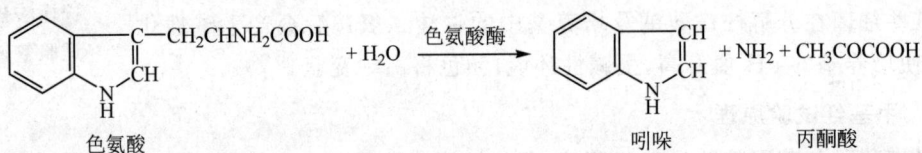

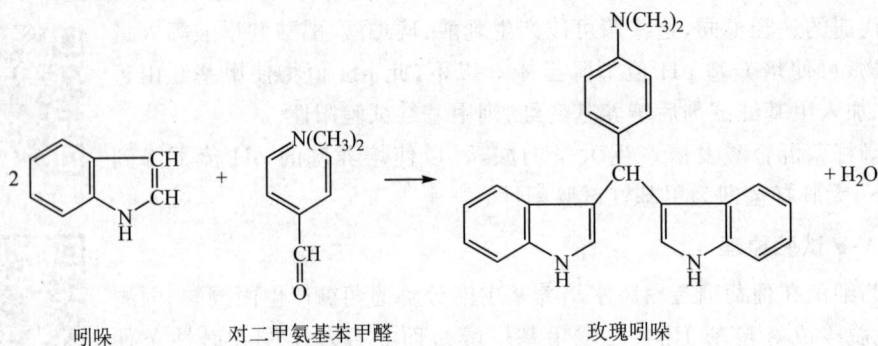

吲哚试验效果

色氨酸　　　　　　　　　　　吲哚　　　丙酮酸

吲哚　　　　　对二甲氨基苯甲醛　　　　　玫瑰吲哚

三、实验材料

1. 菌种

大肠杆菌(*Escherichia coli*)、枯草芽孢杆菌(*Bacillus subtilis*)和自接细菌。

2. 培养基和试剂

糖发酵培养基(内倒置小套管)、葡萄糖蛋白胨水培养基、蛋白胨水培养基、淀粉培养基(平板)、柠檬酸盐培养基(斜面)、吲哚试剂、碘液、乙醚、甲基红试剂、40％KOH、5％α-萘酚、6％过氧化氢等。

3. 其他用具

接种环、酒精灯等。

四、实验内容

1. 接种与培养

取培养 18~24h 的大肠杆菌、枯草芽孢杆菌和自接细菌分别接种在 3 支糖发酵培养基、3 支蛋白胨水培养基(吲哚试验)、3 支葡萄糖蛋白胨水培养基(甲基红和 V-P 试验)中,接种完毕后贴好标签,37℃培养 48h。

液体接种
操作视频

液体接种
思维导图

2. 结果观察

(1) 糖发酵试验直接观察。

① 培养液由紫(培养基加溴甲酚紫)变黄,或者由蓝(培养基加溴百里酚蓝)变黄,说明该菌利用葡萄糖产酸。德汉氏小管有气泡说明该菌利用葡萄糖产酸产气。德汉氏小管无气泡说明该菌利用葡萄糖产酸不产气。

② 培养液不变色说明该菌不能利用葡萄糖产酸。

(2) 柠檬酸盐试验直接观察。

① 培养基由绿变蓝则该菌柠檬酸盐试验为阳性。

② 培养基颜色不变则该菌柠檬酸盐试验为阴性。

(3) 甲基红和 V-P 试验直接观察。

将各葡萄糖蛋白胨水培养基分为两管,其中一管加入 2 滴甲基红试剂观察。

① 培养基呈鲜红色则该菌甲基红试验为阳性。

② 培养基呈淡红色或橘红色则该菌甲基红试验为弱阳性。

③ 培养基呈橘黄色或黄色则该菌甲基红试验为阴性。

另一管加入 40%KOH 5~10 滴,再加入等量的 5% α-萘酚,用力振荡,37℃保温,15~30min 后观察。

① 培养基呈红色则该菌 V-P 试验为阳性。

② 培养基呈黄色则该菌 V-P 试验为阴性。

(4) 吲哚试验直接观察。

在蛋白胨水培养基中加入 3~4 滴乙醚,摇动几次,静置 1~3min,待乙醚上升后,沿试管壁慢慢加入 8 滴吲哚试剂观察。

① 乙醚层呈红色则该菌吲哚试验为阳性。

② 乙醚层不变色则该菌吲哚试验为阴性。

注意事项

在接种糖发酵管后,轻缓摇动试管使其均匀,防止气泡进入倒置的小管。

五、实验报告

将实验结果填入表 19-1 中。

表 19-1 　实验结果记录

项 目	大肠杆菌		枯草芽孢杆菌		自接细菌	
	现象	结论	现象	结论	现象	结论
糖发酵试验						
柠檬酸盐试验						
甲基红试验						
V-P 试验						
吲哚试验						

六、思考题

习题解答

（1）讨论糖发酵试验和 IMViC 试验在医学检验上的意义。

（2）解释在细菌培养中吲哚试验的化学原理，为什么在这个试验中用吲哚作为色氨酸酶活性的指示剂而不用丙酮酸？

用16S rDNA方法鉴定细菌种属

一、目的要求

(1) 掌握 16S rDNA 测序对细菌进行分类的原理及方法。

(2) 掌握 DNA 提取、PCR 原理及方法、DNA 片段回收等实验操作。

二、实验原理

随着分子生物学的迅速发展,细菌的分类鉴定从传统的表型、生理生化分类进入到各种基因型分类水平,如(G+C)mol%、DNA 杂交、rDNA 指纹图、质粒图谱和 16S rDNA 序列分析等。

细菌中包括三种核糖体 RNA,分别为 5S rRNA、16S rRNA、23S rRNA。rRNA 基因由保守区和可变区组成,16S rRNA 对应基因组 DNA 上的一段基因序列被称为 16S rDNA。5S rRNA 虽易分析,但核苷酸太少,没有足够的遗传信息可用于分类研究;23S rRNA 含有的核苷酸数几乎是 16S rRNA 的两倍,分析较困难;而 16S rRNA 相对分子量适中,又具有保守性和普遍性等特点,序列变化与进化距离相适应,序列分析的重现性极高。因此,现在一般普遍采用 16S rDNA 作为序列分析对象对微生物进行测序分析。

利用 16S rDNA 鉴定细菌的技术路线如图 20-1 所示。

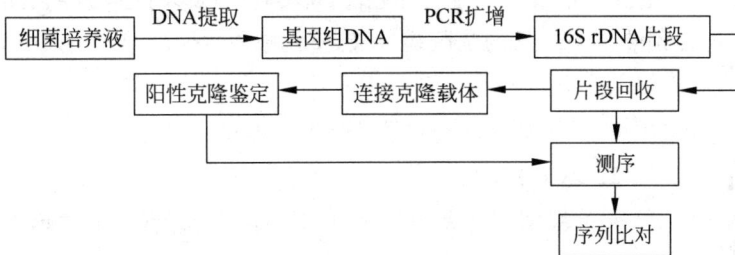

图 20-1　16S rDNA 鉴定的技术路线

三、实验材料

1. 菌种

自接细菌。

2. 培养基和试剂

UNIQ-10 柱式(或其他品牌类型)细菌基因组 DNA 抽提试剂盒、4×dNTP、Taq 酶、引物等。其中 UNIQ-10 柱式细菌基因组 DNA 抽提试剂盒中的试剂包括：LB 液体培养基、TE 缓冲液、溶菌酶、消化缓冲液(digestion buffer)、蛋白酶 K(proteinase K)、无水乙醇、70％乙醇、洗脱缓冲液、10×PCR 缓冲液(10×PCR buffer)、双蒸水(ddH$_2$O)、琼脂糖凝胶、结合缓冲液(binding buffer)等。

3. 仪器和其他用具

PCR 仪、离心机、微量移液器、电泳仪、透射紫外观察仪、离心管、0.5mL 薄壁 Eppendorf 管(Ep 管)等。

四、实验内容

1. 细菌基因组 DNA 提取

以 UNIQ-10 柱式细菌基因组 DNA 抽提试剂盒为例,其他试剂盒可按照相应说明书操作。

(1) 挑单菌落接种到 10mL LB 液体培养基中,37℃振荡过夜培养。

(2) 取 2mL 培养液到 2mL Ep 管中,8000r/min 离心 2min 后倒掉上清液。

(3) 加 40μL TE 缓冲液打散细菌,再加入 60μL 10mg/mL 的溶菌酶,37℃放置 10min。

(4) 加入 400μL 消化缓冲液(digestion buffer),混匀。再加入 3μL 蛋白酶 K,混匀,55℃温育 5min。

(5) 加入 260μL 无水乙醇,混匀,全部转入 UNIQ-10 柱中。10 000r/min 离心 1min,倒去收集管内的液体。

(6) 加入 500μL 70％乙醇(洗涤液),10 000r/min 离心 0.5min。

(7) 重复第六步。

(8) 再以 10 000r/min 离心 2min 彻底甩干乙醇,将吸附柱转移到一个新的 1.5mL 离心管中。

(9) 加入 50μL 预热(60℃)后的洗脱缓冲液,室温放置 3min。12 000r/min 离心 2min,留下的液体即为基因组 DNA。

(10) 电泳。取 3μL 溶液电泳检测基因组 DNA 质量。

PCR 扩增原理动画

2. PCR 扩增

(1) 根据已发表的 16S rDNA 序列设计保守的扩增引物。

16S (正向引物,forward primer)　5′-AGAGTTTGATCCTGGCTCAG-3′

16S (反向引物,reverse primer)　5′-GGTTACCTTGTTACGACTT-3′

(2) PCR 扩增体系如下。

在 0.2mL Ep 管中加入 1μL DNA,再加入以下反应混合液。

16S (F)	1μL (10μM)
16S (R)	1μL (10μM)
10×PCR 缓冲液	5μL
dNTP	4μL

Taq 酶　　　　　　　　0.5μL

加 ddH$_2$O 将反应体系调至 50μL,简单离心混匀。

（3）PCR 反应如下。

将 Ep 管放入 PCR 仪,盖好盖子,调好扩增条件。扩增条件如下。

94℃	3min
94℃	30s
50℃	45s
72℃	100s
72℃	7min

94℃ 30s、50℃ 45s、72℃ 100s｝35 个循环

（4）PCR 产物的电泳检测。拿出 Ep 管,从中取出 5μL 反应产物,加入 1μL 上样缓冲液,混匀。点入预先制备好的 1％琼脂糖凝胶中,电泳 30min,在紫外灯下检测扩增结果。

3. 扩增片段的回收

根据上步实验结果判断,如果扩增产物为唯一条带,可直接回收产物;否则从琼脂糖凝胶中切割核酸条带,并回收目的片段。

（1）称量一个 2mL Ep 管的质量,记录。

（2）在透射紫外观察仪的紫外灯下切割含目的片段的凝胶,放入 2mL 的 Ep 管内,称量,计算凝胶质量。

（3）每 100mg 凝胶加入 100μL 结合缓冲液（binding buffer）,混匀。60℃ 温育至凝胶溶解。

（4）全部转入 UNIQ-10 柱中,10 000r/min 离心 1min,倒去收集管内的液体。

（5）加入 500μL 结合缓冲液（binding buffer）,10 000r/min 离心 1min,倒去收集管内的液体。

（6）加入 70％乙醇（洗涤液）,10 000r/min 离心 0.5min。

（7）再以 10 000r/min 离心 2min 彻底甩干乙醇。将吸附柱转移到一个新的 1.5mL 离心管中。

（8）加入 30μL 预热后的洗脱缓冲液,室温放置 3min。12 000r/min 离心 2min,留下的液体即为回收的 DNA 片段。

4. DNA 片段测序

将回收的片段送至生物公司测序,测序引物为 16S PCR 引物。

5. 序列比对及分析

根据测序结果,到 NCBI（美国国家生物技术信息中心）官方网站上进行比对,确定该未知菌的种属。

制胶和电泳动画

切胶回收动画

测序比对及分析

五、实验报告

（1）分离菌的 16S rDNA 序列为：_____。

（2）测序结果,到 NCBI 上进行比对的结果为：_____。

六、思考题

习题解答

为什么 16S rDNA 测序被广泛应用在细菌种属鉴定上？

实验二十一

微生物菌种保藏

一、目的要求

(1) 了解菌种保藏的基本原理。

(2) 了解并掌握菌种保藏的常用方法及其优缺点。

二、实验原理

微生物个体微小、代谢活跃、生长繁殖快,如果不加以妥善保藏很容易发生变异,被杂菌污染,甚至导致细胞死亡。菌种保藏的意义就在于尽可能保持菌种原有性状和活力的稳定,确保菌种不死亡、不变异、不被污染,以满足研究、交换和使用等的需要。

菌种保藏的方法有多种,相对应的保藏原理各不相同,但基本原则是使微生物的新陈代谢处于最低或几乎停止的状态。低温、干燥和隔绝空气是降低微生物代谢能力的重要因素,因此,菌种保藏的方法虽多,但都是围绕这三个因素设计的。

三、实验材料

1. 菌种

自接细菌、自接酵母菌、自接放线菌和自接霉菌。

2. 培养基和试剂

牛肉膏蛋白胨培养基、麦芽汁琼脂培养基、高氏 1 号培养基、马铃薯(蔗糖)培养基、无菌水、液体石蜡、P_2O_5、脱脂奶粉、10%HCl、干冰、95%乙醇、食盐、河沙、瘦黄土(有机物含量少的黄土)、$CaCl_2$ 等。

3. 仪器和其他用具

无菌试管、无菌吸管(1mL 及 5mL)、无菌滴管、接种环、40 目(孔径为 $425\mu m$)及 100 目(孔径为 $150\mu m$)筛子、干燥器、安瓿管、冰箱、冷冻真空干燥装置、酒精喷灯、三角烧瓶(250mL)等。

四、实验内容

1. 斜面传代保藏法

(1) 贴标签:取各种无菌斜面试管数支,将注有菌株名称和接种日期的标签贴在试管斜面正上方距试管口 2～3cm 处。

（2）斜面接种：将待保藏的菌种用接种环以无菌操作移接至相应的试管斜面上，注意，细菌和酵母菌宜采用对数生长期的细胞，而放线菌和丝状真菌则宜采用成熟的孢子。

（3）培养：细菌需于 37℃ 恒温培养 18～24h，酵母菌需于 28～30℃ 培养 36～60h，放线菌和丝状真菌需于 28℃ 培养 4～7d。

（4）保藏：斜面长好后，可直接放入 4℃ 冰箱保藏。为防止棉塞受潮长杂菌，管口棉花应以牛皮纸包扎或换上无菌胶塞，亦可用熔化的固体石蜡熔封棉塞或胶塞。

保藏时间依微生物种类而不同，酵母菌、霉菌、放线菌及有芽孢的细菌可保存 2～6 个月，之后需移种一次；而不产芽孢的细菌则最好每月移种一次。此法的缺点是容易变异，污染杂菌的机会较多。

2. 半固体穿刺保藏法

（1）贴标签：取各种无菌半固体培养管数支，将注有菌株名称和接种日期的标签贴在培养管上方距试管口 2～3cm 处。

（2）穿刺接种：将待保藏的菌种用接种针以无菌操作移接至相应的半固体培养基上。

（3）培养：细菌需于 37℃ 恒温培养 18～24h。

（4）保藏：菌种长好后，可直接放入 4℃ 冰箱保藏。为防止棉塞受潮长杂菌，管口棉花应以牛皮纸包扎或换上无菌胶塞，亦可用熔化的固体石蜡熔封棉塞或胶塞。

半固体穿刺保藏法保存时间至少可以达到 1 年，对有些菌种甚至能达到 20 年之久。

此方法主要适用于工程大肠杆菌等细菌，操作简便，保存时间较长，适合实验室使用，保存时注意培养基的营养不宜过于丰富，以进一步降低细菌的代谢。

3. 液体石蜡保藏法

（1）液体石蜡灭菌：在 250mL 三角烧瓶中装入 100mL 液体石蜡，塞上棉塞并用牛皮纸包扎，121℃ 湿热灭菌 30min，然后于 40℃ 温箱中放置 14d（或置于 105～110℃ 烘箱中 1h）以除去石蜡中的水分，备用。

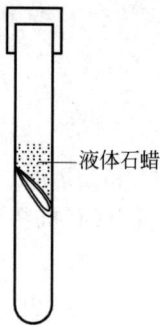

（2）接种培养：同斜面传代保藏法。

（3）加液体石蜡：用无菌滴管吸取液体石蜡以无菌操作加到已长好的菌种斜面上，加入量以高出斜面顶端约 1cm 为宜（见图 21-1）。

（4）保藏：棉塞外包牛皮纸，将试管直立放置于 4℃ 冰箱中保存。

利用这种保藏方法，霉菌、放线菌、有芽孢细菌可保藏 2 年左右，酵母菌可保藏 1～2 年，一般无芽孢细菌也可保藏 1 年左右。

图 21-1　液体石蜡覆盖保藏

（5）恢复培养：用接种环从液体石蜡下挑取少量菌种，在试管壁上轻靠几下，尽量使油滴净，再接种于新鲜培养基中培养。由于菌体表面沾有液体石蜡，生长较慢且有黏性，故一般需转接 2 次才能获得良好菌种。

4. 沙土管保藏法

（1）沙土处理包括沙处理和土处理。

沙处理：取河沙经 40 目过筛去除大颗粒，加 10% HCl 浸泡（用量以浸没沙面为宜）2～4h（或煮沸 30min）以去除有机杂质，然后倒去盐酸，用清水冲洗至中性，烘干或晒干备用。

土处理：取非耕作层瘦黄土(不含有机质)，加自来水浸泡洗涤数次直至中性，然后烘干、粉碎，用100目过筛去除粗颗粒后备用。

(2) 装沙土管：将沙与土按2∶1、3∶1或4∶1的质量比混合均匀装入试管中(10mm×100mm)，装至约7cm高，加棉塞，并外包牛皮纸，121℃湿热灭菌30min后烘干。

(3) 无菌试验：每10支沙土管任抽一支，取少许沙土接入牛肉膏蛋白胨或麦芽汁琼脂培养基中，在最适宜的温度下培养2～4d，确定无菌生长时才可使用。若发现有杂菌则需经重新灭菌后再做无菌试验，直到合格。

(4) 制备菌液：用5mL无菌吸管分别吸取3mL无菌水至待保藏的菌种斜面上，用接种环轻轻搅动，制成悬液。

(5) 加样：用1mL吸管吸取上述菌悬液0.1～0.5mL加入沙土管中，用接种环拌匀。加入菌液量以湿润沙土达2/3高度为宜。

(6) 干燥：将含菌的沙土管放入干燥器中，干燥器内用培养皿盛P_2O_5作为干燥剂，可再用真空泵连续抽气3～4h，加速干燥。将沙土管轻轻一拍，若沙土呈分散状即说明已充分干燥。

(7) 保藏：沙土管可选择下列方法之一来保藏。

① 保存于干燥器中；

② 用石蜡封住棉花塞后放入冰箱保存；

③ 将沙土管取出，管口用火焰熔封后放入冰箱保存；

④ 将沙土管装入有$CaCl_2$等干燥剂的大试管中，塞上橡皮塞或木塞再用石蜡封口，放入冰箱中或在室温下保存。

(8) 恢复培养：使用时挑取少量混有孢子的沙土接种于斜面培养基上或液体培养基内培养即可，原沙土管仍可继续保藏。

此法适用于保藏能产生芽孢的细菌及形成孢子的霉菌和放线菌(可保存2年左右)，但不能用于保藏营养细胞。

5. 冷冻干燥保藏法

(1) 准备安瓿管：选用内径5mm、长10.5cm的硬质玻璃试管，用10%HCl浸泡8～10h后用自来水冲洗多次，最后用去离子水洗1～2次，烘干，将印有菌名和接种日期的标签放入安瓿管内，有字的一面朝向管壁。管口加棉塞，121℃灭菌30min。

(2) 制备脱脂牛奶：将脱脂奶粉配成20%的乳液，然后分装，121℃灭菌30min，并做无菌试验。

(3) 准备菌种：选用无污染的纯菌种(培养时间：一般细菌为24～48h，酵母菌为3d，放线菌与丝状真菌为7～10d)。

(4) 制备菌液及分装：吸取3mL无菌牛奶直接加入斜面菌种管中，用接种环轻轻搅动菌落再用手摇动试管，制成均匀的细胞或孢子悬液。用无菌长滴管将菌液分装于安瓿管底部，每管装0.2mL。

(5) 预冻：将安瓿管外的棉花剪去并将棉塞向里推至离管口约15mm处，再通过乳胶管把安瓿管连接到总管的侧管上，总管则通过厚壁橡皮管及三通短管与真空表及干燥瓶、真空泵相连接(见图21-2)，并将所有安瓿管浸入装有干冰和95%乙醇的预冷槽(此时槽内温度可达−50~−40℃)中,只需冷冻1h左右即可使悬液冻结成固体。

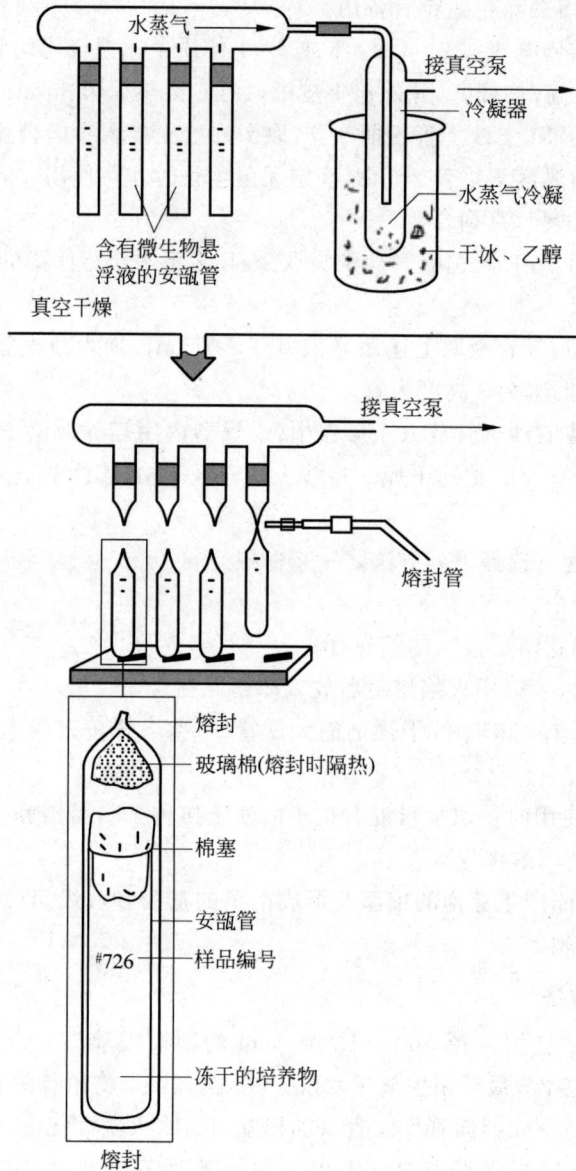

图 21-2　冷冻真空干燥法简易装置

（6）真空干燥：完成预冻后,升高总管使安瓿管仅底部与冰面(此处温度约为−10℃)接触,以保持安瓿管内的悬液呈固体状态。开启真空泵后,应在5~15min内使真空度达66.7Pa以下,使被冻结的悬液开始升华,当真空度达到26.7~13.3Pa时,冻结样品将逐渐被干燥成白色片状,此时使安瓿管脱离冰浴,在室温下(25~30℃)继续干燥(管内温度不超过30℃),升温可加速样品中残余水分的蒸发。总干燥时间应根据安瓿管的数量、悬液量及保持剂性质来定,一般3~4h即可。

（7）封口样品：干燥后继续抽真空达1.33Pa,在安瓿管棉塞的稍上部位用酒精喷灯火焰灼烧,拉成细颈并熔封,然后置于4℃冰箱内保藏。

（8）恢复培养：用75%乙醇消毒安瓿管外壁后，在火焰上烧热安瓿管上部，然后将无菌水滴在烧热处，使管壁出现裂缝。放置片刻，让空气从裂缝中缓慢进入管内后，将裂口端敲断，这样可以防止空气因突然开口而进入管内使菌粉飞扬。将合适的培养液加入冻干样品中使干粉充分溶解，再用长颈滴管吸取菌液至合适培养基中，放置在最适温度下培养。

冷冻干燥保藏法综合利用了各种有利于菌种保藏的因素（低温、干燥和缺氧等），是目前最有效的菌种保藏方法之一，保存时间可长达10年以上。

注意事项

（1）从液体石蜡封藏的菌种管中挑菌后，接种环上将同时带有油和菌，故接种环在火焰上灭菌时要先在火焰边烤干再直接灼烧，以免菌液四溅引起污染。

（2）在真空干燥过程中安瓿管内样品应保持冻结状态，以防止抽真空时样品产生泡沫而外溢。

（3）熔封安瓿管时注意火焰大小要适中，封口处灼烧要均匀，若火焰过大，封口处易弯斜，冷却后易出现裂缝而造成漏气。

五、实验报告

（1）将菌种保藏方法和结果填入表21-1中。

表 21-1　菌种保藏方法和结果记录

接种日期	菌种名称		培养条件		保藏方法	保藏温度	操作要点
	中文名	学名	培养基	培养温度			

（2）试阐述各种菌种保藏方法的优缺点。

六、思考题

（1）菌种保藏的原理是什么？

（2）菌种保藏的意义是什么？

（3）斜面传代保藏法的利弊是什么？

（4）液体石蜡保藏法中，石蜡油的作用是什么？此法的利与弊是什么？

（5）沙土管保藏法适合保藏哪一类微生物？

习题解答

II 综合提高实验

    综合提高实验分别是与工业、农业、环境、食品、医药相关的小型探究课题,可供不同的专业选择。其中"实验二十三 淀粉酶产生菌的分离筛选与鉴定"还自主开发了虚拟仿真实验项目(包括3个模块的手机版)。教学组织可采取虚实结合的课题探究方式。

    本阶段教学的组织比基础实验阶段更倾向于探究模式,教师可要求各科研小组在一周内预习、撰写预习报告,以班级为单位于统一的时间正式操作。至于科研小组成员之间的分工,教师也可以提出一些具体的要求,比如,在"淀粉酶产生菌的分离筛选与鉴定"实验中,教师可以要求各组的每个成员至少进行一个土壤浓度的稀释,每人选一个稀释度涂布一个平板,再每人选一个淀粉酶产生菌的单菌落进行平板划线纯化一次,每个人挑取自己纯化平板上的单菌落进行一次斜面划线保存等。学生操作结束后,科研小组再以论文的形式上交报告。

    以上的安排和分工对探究小组来讲,探究过程是从土样里分离筛选高产淀粉酶菌株并进行初步鉴定。对探究小组的每位成员来讲,分配的操作任务基本相当,可以保证每位成员都能对基本的实验操作技术进行练习。在实验中每位成员既要标明每次的操作结果(培养物、制片)对应探究小组的名称,也要标上自己的名字,还要拍照,这样既方便探究小组撰写实验报告,又方便教师对探究小组和个人的成绩打分。在这样的安排和分工下,每位学生既要对自己负责,又要对团队负责,没有人能浑水摸鱼,所有人的积极性和责任感都被激发出来了。

实验二十二

紫外线对枯草芽孢杆菌产生淀粉酶的诱变效应

一、目的要求

(1) 观察紫外线对枯草芽孢杆菌产生淀粉酶的诱变效应。

(2) 学习掌握物理诱变育种的方法。

二、实验原理

紫外线是一种常见的物理诱变因素,其引起 DNA 结构变化的形式很多,如 DNA 链的断裂、碱基被破坏等,但最主要的是使 DNA 双链之间或同一条链上两个相邻的胸腺嘧啶之间形成二聚体(见图 22-1),阻碍双链的分开、复制和碱基的正常配对,从而引起突变。

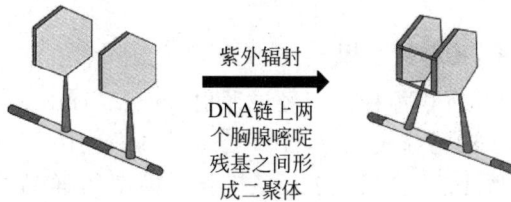

图 22-1　紫外线诱变原理

紫外线引起的 DNA 损伤可由光复活酶的作用恢复,使胸腺嘧啶二聚体恢复原状。

因此,为了避免光复活,用紫外线照射处理时及处理后的操作应在红光下进行,并且将照射处理后的微生物放在暗处培养。

三、实验材料

1. 菌种

枯草芽孢杆菌。

2. 培养基和试剂

淀粉培养基、碘液、无菌生理盐水、无菌水。

3. 仪器和其他用具

磁力搅拌器、磁力搅拌棒、离心机、无菌吸管、无菌培养皿、无菌玻璃涂棒等。

四、实验内容

1. 平板制作

将淀粉培养基熔化后倒平板,凝固后待用。

2. 菌悬液的制备

取一支已培养 20h 的活化枯草芽孢杆菌斜面,用 10mL 无菌生理盐水将菌苔洗下并倒入盛有玻璃珠的锥形瓶中,强烈振荡 10min 以打碎菌块;离心(3000r/min)15min,弃上清液,将菌体用无菌生理盐水洗涤 2 次,制成菌悬液;用血球计数板在显微镜下直接计数,调整细胞密度为 1×10^8 个/mL。

3. 诱变处理

(1)预热:正式照射前开启紫外灯预热 20min。

(2)搅拌:取制备好的菌悬液 4mL 移入已放入无菌磁力搅拌棒或无菌大头针的无菌培养皿中,置于磁力搅拌器上,并放置于 20W 紫外灯下 30cm 处。

(3)照射:打开皿盖边搅拌边照射,剂量分别为 0min、1min、2min、3min。盖上皿盖,关闭紫外灯。

注意事项

照射计时应从开盖起,加盖止。先开磁力搅拌器开关,再开盖照射,使菌悬液中的细胞接受均等照射。

4. 稀释涂平板

用 10 倍稀释法把经过照射(0min、1min、2min、3min)的菌悬液在无菌水中稀释成 10^{-2}、10^{-3}、10^{-4}、10^{-5}、10^{-6}、10^{-7} 几个浓度。

取 10^{-5}、10^{-6}、10^{-7} 三个稀释度的样品涂平板,每个稀释度涂 3 套,每套平板加稀释液 0.1mL,用无菌玻璃涂棒均匀地涂满整个平板表面。

将各培养皿放入纸盒或用黑布(纸)包好,于 37℃ 培养 48h。

平板涂布技术动画

注意事项

(1)从紫外线照射处理开始,直到涂布完平板的几个步骤都应在红灯下进行。

(2)涂完的平板应放入纸盒或用黑布(纸)包好,置于 37℃ 避光培养。

5. 计算存活率和致死率

将培养 48h 后的平板取出并进行细胞计数,计算出对照平板(0min)、紫外线处理 1min、2min、3min 后平板每毫升 CFU 数。

计算各处理剂量存活率和致死率,公式如下。

$$存活率(\%)=\frac{处理后平板每毫升\,CFU\,数}{对照平板每毫升\,CFU\,数}\times100$$

$$致死率(\%)=\frac{对照平板每毫升\,CFU\,数-处理后平板每毫升\,CFU\,数}{对照平板每毫升\,CFU\,数}\times100$$

6. 观察诱变效应

分别向菌落数在5~6个左右的平板内加碘液数滴,菌落周围将会出现透明圈。随机选取对照平板上的 3 个菌落,分别测量透明圈直径与菌落直径,并计算透明圈直径与菌落直径的比值(HC 比值),3 个菌落的 HC 比值的平均值记作 HC0,HC0 初步代表对照菌株产淀粉酶能力的大小。将诱变平板上菌落的 HC 比值与对照平板的 HC0 进行比较,根据比较结果说明紫外线对枯草芽孢杆菌产生淀粉酶的诱变效应(见图 22-2)。选取 HC 比值明显比 HC0 大的菌落移接到新鲜牛肉膏蛋白胨斜面上培养,此斜面可作复筛菌株。

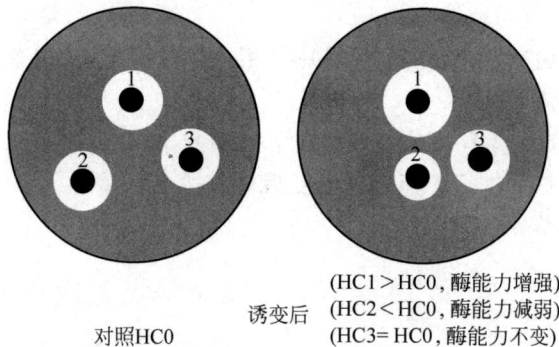

对照HC0　　诱变后　(HC1＞HC0,酶能力增强)
(HC2＜HC0,酶能力减弱)
(HC3＝HC0,酶能力不变)

图 22-2　诱变效应的观察

说明:本实验的淀粉培养基也可以用实验二十三中的淀粉筛选培养基代替,在相应的"观察诱变效应"步骤中无需向平板内滴加碘液。

五、实验报告

(1)将紫外线诱变结果填入表 22-1 中。

表 22-1　紫外线诱变结果

处理时间/min	菌浓度/(CFU/mL)	存　活　率	致　死　率
0(对照)			
1			
2			
3			

(2)将诱变效应的数据填入表 22-2 中。

表 22-2　诱变效应记录

菌　　落	透明圈直径/cm	菌落直径/cm	HC 比值	与对照平板 HC 比值比较
对照 1				
对照 2				HC0＝
对照 3				
诱变后 1				
诱变后 2				

续表

菌　落	透明圈直径/cm	菌落直径/cm	HC 比值	与对照平板 HC 比值比较
诱变后 3				
诱变后 4				
诱变后 5				

六、思考题

习题解答

（1）为什么向淀粉琼脂平板内加数滴碘液，枯草芽孢杆菌菌落周围会出现透明圈？

（2）为什么从紫外线照射处理开始，直到涂布完平板的几个步骤都应在红灯下进行？而紫外诱变后的培养皿需要放入纸盒或用黑布（纸）包好后再培养？

淀粉酶产生菌的分离、筛选与鉴定

一、目的要求

(1) 了解淀粉酶产生菌的筛选方法。

(2) 了解菌种分离纯化的方法。

(3) 了解菌种鉴定的常规方法和步骤。

二、实验原理

1. 用淀粉筛选培养基(加曲利苯蓝)鉴别淀粉酶产生菌

曲利苯蓝对淀粉等大分子有很强的亲和力,因而含有淀粉的培养基呈蓝色。如果平板上生长的菌能分泌胞外淀粉酶,菌落周围的淀粉大分子被水解为小分子物质,而曲利苯蓝与小分子物质的结合能力弱,因此菌落周围的曲利苯蓝将被较远的淀粉大分子吸走,结果导致菌落周围出现无色或者浅色的透明圈(见图 23-1)。

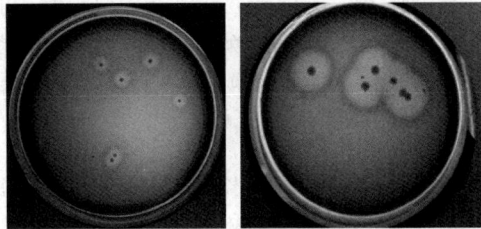

淀粉筛选培养基上的
淀粉酶产生菌

图 23-1　曲利苯蓝与淀粉筛选培养基

此法与培养后往平板上滴加碘液来识别淀粉酶产生菌相比操作更简便、方便观察、灵敏度高,同时也避免了碘液染色法对菌落生物的毒害作用。

2. 淀粉酶产生菌的初筛

在淀粉筛选培养基平板上,可溶性淀粉被淀粉酶产生菌分泌的淀粉酶水解,形成透明圈。不同种类的微生物产生的淀粉酶种类和活力各不相同,对可溶性淀粉的水解能力也各不相同,故而所形成的水解圈(透明圈)与菌落大小比值也不同。在筛选平板上点种后,根据淀粉酶产生菌形成的水解圈直径与菌落直径的比值可初步断定该淀粉酶产生菌对可溶性淀粉的水解能力。

3. 淀粉酶产生菌的复筛

平板初筛可以简便、快速地初筛出淀粉酶产生菌,但是难以得到确切的产量水平,而且细菌在平板上和液体环境中的生长情况相差很大,要进一步确定高产淀粉酶的菌株就有必要对其进行摇瓶复筛,定量地测定菌株的淀粉酶活力,为后续的生产应用奠定基础。

三、实验材料

1. 样品

食堂泥土、小吃街泔水沟泥土、面粉作坊附近的土壤。

2. 试剂

(1) 原碘液。称取 22.0g 碘化钾溶于约 300mL 水中,加入 11.0g 碘,在搅拌下使其溶解,添加蒸馏水定容至 500mL,贮于棕色瓶中备用。此溶液每月制备一次。

(2) 稀碘液(工作碘液)。称取 20.0g 碘化钾溶于约 300mL 水中,准确加入 2.00mL 原碘液,然后用蒸馏水定容至 500mL,贮于棕色瓶中备用。此溶液每天制备一次。

(3) 2% 可溶性淀粉溶液。称取 2.000g 可溶性淀粉(以绝干计,精确至 0.001g),用少量蒸馏水调成浆状物,在搅动下缓缓倒入 70mL 沸水中。然后,用 30mL 蒸馏水多次冲洗装淀粉的烧杯,洗液并入其中,加热煮沸 20min 直至完全透明,冷却至室温,用蒸馏水定容至 100mL。此溶液必须当天配制。

(4) 0.1mol/L 硫酸。将 5.43mL98% 的浓硫酸慢慢地加入 900mL 左右的蒸馏水中,边加边搅拌,最后定容至 1000mL。

3. 培养基

(1) 淀粉筛选培养基:蛋白胨 1%、牛肉膏 0.3%、NaCl 0.5%、可溶性淀粉 2%、琼脂 2%、曲利苯蓝 0.005%(1000mL 培养基中加入 2mL 的 0.025g/mL 曲利苯蓝溶液),pH7.0。

(2) 发酵培养基:蛋白胨 1%、牛肉膏 0.3%、NaCl 0.5%、可溶性淀粉 0.2%,pH7.0。

4. 仪器和其他用具

722 型分光光度计、水浴锅、装 90mL 无菌水的 250mL 三角烧瓶(内装 10 粒玻璃珠)、装 4.5mL 无菌水的离心管 5 个、无菌培养皿、无菌玻璃涂棒、称量纸、试管架、药勺、接种环等。

淀粉酶产生菌的
分离纯化虚拟仿
真实验(手机 App)

四、实验内容

1. 分离纯化

(1) 稀释样品。取 10g 土样于装有玻璃珠和 90mL 无菌水的三角烧瓶中振荡混匀,制成 10^{-1} 稀释液,再稀释成 10^{-2}、10^{-3}、10^{-4}、10^{-5}、10^{-6} 浓度。(方法参照实验四)

(2) 菌种分离、纯化。将 10^{-2}、10^{-3}、10^{-4}、10^{-5}、10^{-6} 的稀释液分别取 $100\mu L$ 均匀涂布于筛选平板上,置于 30℃ 培养箱中培养 24~48h;观察筛选平板长出的菌落周围有无透明水解圈,取水解圈较大的 4~5 株,于另外的筛选平板上以获得单菌落为目的进行平板划线纯化,在 30℃ 培养箱中培养 24～48h,观察平板划线纯化效果。

涂布培养后效果

平板划线动画

平板划线纯化效果

2. 初筛

取单菌落点种筛选平板 3 处,在 30℃ 培养箱中培养 24～48h,观察产生透明圈的情况。测量各平板菌落透明圈直径(D)与菌落直径(d)的比值(HC)并平均,比较各菌 HC 平均值,取 HC 平均值最大的 2 株菌,斜面划线,30℃ 培养 24～48h 后保存。

初筛虚拟仿真实验(手机 App)

复筛虚拟仿真实验(手机 App)

点种后培养效果

3. 复筛

将初筛选定的 2 株菌活化,接种于发酵培养基(25mL)中,30℃,180r/min 摇床培养 18h,获得种子培养液。再将种子培养液按照 5% 接种量接种于 95mL 发酵培养基中,30℃、180r/min 摇床培养 24h。发酵液于 4℃、5000r/min 离心 10min,取上清液作为粗酶液,在 0～4℃ 保存。

依据改良 Young J. Yoo 法:取 5mL 0.5% 的可溶性淀粉溶液,在 40℃ 水浴中预热 10min,然后加适当稀释的酶液 0.5mL,反应 5min 后,用 5mL 0.1mol/L 硫酸终止反应。取 0.5mL 反应液与 5mL 工作碘液显色,在 620nm 处测光密度。以 0.5mL 水代替 0.5mL 反应液为空白样本,以不加酶液(加相同的水)为对照样本。

酶活力计算方式:$D \times (R_0 - R)/R_0 \times 50$。其中,$D$ 为稀释倍数,调整 D 使 $(R_0 - R)/R_0$ 在 0.2～0.7 范围内。R_0 为底物加碘液(对照样本)的光吸收值,R 为反应液加碘液的光吸收值。

酶活力单位的定义:5min 水解 1mg 淀粉的酶量为 1 个酶活力单位(U)。

比较 2 株初筛菌的酶活力,将酶活力更高者于筛选平板划线至纯种,编号并转接至斜面培养后保存备用。此菌株将被视为最终的分离菌用于后续的鉴定实验。

4. 分离菌鉴定

形态学鉴定见实验五、实验六(以枯草芽孢杆菌和大肠杆菌为参照菌);

生理生化鉴定见实验十八、实验十九(以枯草芽孢杆菌和大肠杆菌为参照菌);

分子鉴定见实验二十。

淀粉酶产生菌的分子鉴定虚拟仿真实验(手机 App)

五、实验报告

(1) 从土壤中分离纯化若干株菌,分别编号,比如编号为 Z1,L2,W3,S4,并附图。

(2) 将初筛结果填入表 23-1 中并附图。

表 23-1　初筛结果记录

菌　株　号	D/cm	d/cm	HC(D/d)	HC 平均值
Z1				
L2				
W3				
S4				

依据初筛结果,应选取哪 2 株菌进行复筛?

(3) 将复筛结果填入表 23-2 中。

表 23-2　复筛结果记录

菌　株　号	OD 值				酶活力 /(U/mL)
	1	2	3	平均	
对照					

依据复筛结果,应选取哪株菌进行鉴定?

(4) 描述分离菌的革兰氏染色结果并附图。

(5) 描述分离菌的生理生化试验结果。

(6) 分离菌的 16S rDNA 序列为:_____。

测序结果,到 NCBI 官方网站上进行比对的结果为:_____。

六、思考题

习题解答

　　往培养基里加曲利苯蓝和培养后滴加碘液来筛选产淀粉酶菌株的方法相较有何优缺点?

实验二十四

淀粉酶产生菌的分离、筛选及发酵条件的优化

一、目的要求

（1）了解淀粉酶产生菌的筛选方法。

（2）学习测定淀粉酶活力的原理和方法。

（3）掌握发酵工艺条件或参数的多因素实验的设计和操作方法。

二、实验原理

发酵过程涉及多个工艺参数，每个参数也有多个水平，每个参数（因素）之间还存在交互作用。因此，采用正交实验设计方法进行多因素、多水平的实验可以大大减少实验次数，并确定各因素之间的交互作用（实验次数可以减少为水平数的平方次）。在多因素实验中，随着实验因素的增多，处理数将呈几何级数增长。例如，2 个因素各取 3 个水平的实验（简称 3^2 实验）有 $3^2 = 9$ 个处理；3 个因素各取 3 个水平的实验（简称 3^3 实验）有 $3^3 = 27$ 个处理；4 个因素各取 3 个水平的实验（简称 3^4 实验）有 $3^4 = 81$ 个处理……处理数太多、实验规模变大会给实验带来许多困难，而采用正交实验设计可以大大减少实验次数。

正交实验设计是利用一套规格化的表格——正交表来安排实验，适用于存在多因素、多水平、实验误差大、周期长等特点的实验，是效率较高的一种实验设计方法。

本实验选用 4 个因素 3 个水平来优化分离自土壤的高产淀粉酶菌株的发酵条件。为了便于实验在统一的培养条件和统一的进程下进行，本实验选择淀粉浓度、pH 值、塞子类型、装瓶体积 4 个因素。

三、实验材料

1. 样品

食堂泥土、小吃街泔水沟泥土、面粉作坊附近的土壤。

2. 试剂

（1）原碘液。称取 22.0g 碘化钾溶于约 300mL 水中，加入 11.0g 碘，在搅拌下使其溶解，添加蒸馏水定容至 500mL，贮于棕色瓶中备用。此溶液每月制备一次。

（2）稀碘液。称取 20.0g 碘化钾溶于约 300mL 水中，准确加入 2.00mL 原碘液，然后

用蒸馏水定容至 500mL,贮于棕色瓶中备用。此溶液每天制备一次。

(3) 2%可溶性淀粉溶液。称取 2.000g 可溶性淀粉(以绝干计,精确至 0.001g),用少量蒸馏水调成浆状物,在搅动下缓缓倒入 70mL 沸水中。然后,用 30mL 蒸馏水多次冲洗装淀粉的烧杯,洗液并入其中,加热煮沸 20min 直至完全透明,冷却至室温,用蒸馏水定容至100mL。此溶液必须当天配制。

(4) 0.1mol/L 硫酸。将 5.43mL98%的浓硫酸慢慢地加入 900mL 左右的蒸馏水中,边加边搅拌,最后定容至 1000mL。

3. 培养基

(1) 淀粉筛选培养基(同实验二十三):蛋白胨 1%、牛肉膏 0.3%、NaCl 0.5%、可溶性淀粉 2%、琼脂 2%、曲利苯蓝 0.005%(1000mL 培养基中加入 2mL 的 0.025g/mL 曲利苯蓝溶液),pH7.0。

(2) 基础发酵培养基:蛋白胨 10.0g、牛肉膏 3.0g、NaCl 5.0g、可溶性淀粉 2.0g、蒸馏水 1000mL,pH7.0。

(3) 优化发酵培养基:9 种优化发酵培养基的淀粉浓度、pH 值、装瓶(250mL 三角烧瓶)体积、塞子类型各不相同,具体见表 24-1。

表 24-1　9 种优化发酵培养基的配方和处置方案

培养基名称	淀粉/g	其他成分	pH 值	塞子类型	装瓶体积/mL
发酵培养基 1	0		6	橡皮塞	25
发酵培养基 2	0		7	棉塞	50
发酵培养基 3	0	蛋白胨 10.0g,	8	纱布	100
发酵培养基 4	2	牛肉膏 3.0g,	6	棉塞	100
发酵培养基 5	2	NaCl 5.0g,	7	纱布	25
发酵培养基 6	2	蒸馏水 1000mL	8	橡皮塞	50
发酵培养基 7	4		6	纱布	50
发酵培养基 8	4		7	橡皮塞	100
发酵培养基 9	4		8	棉塞	25

4. 仪器和其他用具

722 型分光光度计、水浴锅、装 90mL 无菌水的 250mL 三角烧瓶(内装 10 粒玻璃珠)、装4.5mL 无菌水的离心管 5 个、无菌培养皿、无菌玻璃涂棒、称量纸、试管架、药勺、接种环等。

四、实验内容

1. 稀释样品

取 10g 土样加入装有玻璃珠和 90mL 无菌水的三角烧瓶中振荡混匀,制成 10^{-1} 稀释液,再稀释成 10^{-2}、10^{-3}、10^{-4}、10^{-5}、10^{-6}。(方法参照实验四)

2. 菌种分离

将 10^{-2}、10^{-3}、10^{-4}、10^{-5}、10^{-6} 的稀释液分别取 100μL 均匀涂布于筛选平板上,置于

30℃培养箱中培养 24~48h；观察筛选平板长出的菌落周围有无透明水解圈。取水解圈较大的 4~5 株菌株进行初筛。（方法参照实验二十二）

3. 初筛

取单菌落点种筛选平板 3 处，于 30℃培养箱中培养 24~48h，测量各平板菌落透明圈直径（D）与菌落直径（d）的比值（HC）并求平均值，比较各菌 HC 平均值，取 HC 平均值最大的 2 株菌，斜面划线，于 30℃培养 24~48h 后保存。（方法参照实验二十三）

4. 复筛

将初筛的菌种活化，接种于基础发酵培养基（25mL）中，于 30℃、180r/min 摇床培养 18h，获得种子培养液。取 5mL 种子培养液（5% 接种量）接种于 95mL 基础发酵培养基中，在三角烧瓶中再进行 30℃、180r/min 摇床培养 24h。将发酵液于 4℃、5000r/min 离心 10min，取上清液作为粗酶液，在 0~4℃保存；

依据改良 Young J. Yoo 法：取 5mL 0.5% 的可溶性淀粉溶液，在 40℃水浴中预热 10min，然后加适当稀释的酶液 0.5mL，反应 5min 后，用 5mL 0.1mol/L 硫酸终止反应。取 0.5mL 反应液与 5mL 工作碘液显色，在 620nm 处测光密度。以 0.5mL 水代替 0.5mL 反应液为空白样本，以不加酶液（加相同的水）为对照样本。

根据此式计算酶活力：$D \times (R_0 - R)/R_0 \times 50$。其中，$D$ 为稀释倍数。调整 D 使 $(R_0 - R)/R_0$ 在 0.2~0.7 范围内。R_0 为底物加碘液（对照样本）的光吸收值，R 为反应液加碘液的光吸收值。

酶活力单位的定义：5min 水解 1mg 淀粉的酶量为 1 个酶活力单位（U）。

比较 2 株初筛菌的酶活力，将酶活力更高者于筛选平板划线至纯种，编号并转接至斜面培养后保存备用。此菌株将作为最终的分离菌进行后续发酵条件的优化实验。（方法参照实验二十三）

5. 分离菌发酵条件的优化

（1）设计正交实验因素水平表（表 24-2）。

表 24-2 正交实验因素水平表

水　平	淀粉浓度/%	pH 值	塞子类型	装瓶体积/mL
1	0	6	橡皮塞	25
2	0.2	7	棉塞	50
3	0.4	8	纱布	100

（2）设计 L9(3^4)正交实验因素设计与结果记录表（表 24-3）。

表 24-3 正交实验因素水平与结果记录表

实验序号	淀粉浓度	pH 值	塞子类型	装瓶体积	酶活力/(U/mL)
1	1	1	1	1	
2	1	2	2	2	
3	1	3	3	3	
4	2	1	2	3	

实验序号	淀粉浓度	pH 值	塞子类型	装瓶体积	酶活力/(U/mL)
5	2	2	3	1	
6	2	3	1	2	
7	3	1	3	2	
8	3	2	1	3	
9	3	3	2	1	

(3) 种子液制备：以无菌操作分离斜面菌苔 1 环，接种于基础发酵培养基(25mL)中，于 30℃、180r/min 摇床培养 18～24h，获得种子培养液。

(4) 发酵培养：分别取 3mL 种子培养液接种于设计好的 9 种优化发酵培养基(发酵培养基 1 到发酵培养基 9)中，贴好标签，于 30℃、180r/min 摇床培养 24h。

(5) 粗酶液制备：将发酵液于 4℃、5000r/min 离心 10min，取上清液以 pH6.0 缓冲液稀释至适当浓度，作为待测酶液，在 0～4℃保存。

(6) 淀粉酶活力测定：参照改良 Young J. Yoo 法(见"复筛"部分)。

(7) 分析得出最佳发酵条件：将测得的酶活力数据填入表 24-4(这里用 $U_1 \sim U_9$ 来代替)，计算各因素对应的 K_1、K_2、K_3 和 R 值，分析最佳发酵条件，并对各因素的水平变化对结果的影响大小进行排序。

表中 K_1、K_2、K_3 代表各个因素在相应水平下的酶活力结果的总和。

每个因素最佳发酵水平为其 K_1、K_2、K_3 中最大值对应的水平。比如，若因素"淀粉浓度"的 K_1、K_2、K_3 中最大值为 K_2，因素"pH 值"的 K_1、K_2、K_3 中最大值为 K_1，因素"塞子类型"的 K_1、K_2、K_3 中最大值为 K_2，因素"装瓶体积"的 K_1、K_2、K_3 中最大值为 K_3，则可推断，针对淀粉浓度、pH 值、塞子类型、装瓶体积这 4 个因素，最佳的发酵条件为：淀粉浓度的水平 2，pH 值水平 1，塞子类型的水平 2，装瓶体积的水平 3；换成各水平对应的具体指标，也即最佳的发酵条件为：淀粉浓度为 0.2%，初始 pH 值为 6，塞子类型为棉塞，装瓶体积为 100mL。

R 为极差，用相应因素 K_1、K_2、K_3 中最大值-最小值即得，表示各因素的水平变化对实验结果的影响程度，R 值越大，则说明该因素 3 个水平变化对实验结果的影响程度越大。

表 24-4 正交实验结果记录

实验序号	淀粉浓度	pH 值	塞子类型	装瓶体积	酶活力/(U/mL)
1	1	1	1	1	U_1
2	1	2	2	2	U_2
3	1	3	3	3	U_3
4	2	1	2	3	U_4
5	2	2	3	1	U_5
6	2	3	1	2	U_6
7	3	1	3	2	U_7
8	3	2	1	3	U_8
9	3	3	2	1	U_9

续表

实验序号	淀粉浓度	pH 值	塞子类型	装瓶体积	酶活力/(U/mL)
K_1	$U_1+U_2+U_3$	$U_1+U_4+U_7$	$U_1+U_6+U_8$	$U_1+U_5+U_9$	
K_2	$U_4+U_5+U_6$	$U_2+U_5+U_8$	$U_2+U_4+U_9$	$U_2+U_6+U_7$	
K_3	$U_7+U_8+U_9$	$U_3+U_6+U_9$	$U_3+U_5+U_7$	$U_3+U_4+U_8$	
R					

五、实验报告

（1）从土壤中分离纯化若干株菌,分别编号(如编号为 Z1,L2,W3,S4)并附图。

（2）将初筛结果填入表 24-5 中并附图。

表 24-5　初筛结果记录

菌 株 号	D/cm	d/cm	HC(D/d)	HC 平均值
Z1				
L2				
W3				
S4				

（3）将复筛结果填入表 24-6。

表 24-6　复筛结果记录

菌 株 号	OD 值				酶活力/(U/mL)
	1	2	3	平均	
对照					

依据复筛结果,应选取哪株菌进行发酵条件的优化实验?

（4）填写正交实验结果记录表 24-7。

表 24-7　正交实验结果记录

实验序号	淀粉浓度	pH 值	塞子类型	装瓶体积	酶活力/(U/mL)
1	1	1	1	1	
2	1	2	2	2	

续表

实 验 序 号	淀 粉 浓 度	pH 值	塞 子 类 型	装 瓶 体 积	酶活力/(U/mL)
3	1	3	3	3	
4	2	1	2	3	
5	2	2	3	1	
6	2	3	1	2	
7	3	1	3	2	
8	3	2	1	3	
9	3	3	2	1	
K_1					
K_2					
K_3					
R					

（5）最佳发酵条件为：_____。

各因素的水平变化对结果的影响大小排序：____＞____＞____＞____。

六、思考题

习题解答

正交实验的结果一定正确吗？科学的做法应该是怎样的？

实验二十五

产碱性蛋白酶菌株的筛选

一、目的要求

(1) 学习用筛选培养基(牛奶平板)从自然界中分离胞外蛋白酶产生菌的方法。

(2) 了解蛋白酶活力测定的原理和方法。

(3) 学习并掌握细菌摇床液体发酵技术。

二、实验原理

碱性蛋白酶是一类最适宜在碱性条件下水解蛋白质肽键的酶,在工业、食品、医药领域中用途非常广泛。微生物来源的碱性蛋白酶都是胞外酶,具有产酶量高、适合大规模工业生产等优点,被认为是最重要的应用型酶类。

能够产生胞外蛋白酶的菌株在牛奶平板上生长后,其菌落周围可形成明显的蛋白水解圈,而水解圈与菌落直径的比值常被作为判断该菌株蛋白酶产生能力的初筛依据。

不同类型的蛋白酶都能在牛奶平板上形成蛋白水解圈,细菌在平板上和液体环境中的生长情况相差很大,因此在平板上形成蛋白水解圈大的菌株不一定就是碱性蛋白酶的高产菌株。

测定碱性蛋白酶活力需要按标准进行,其原理是 Folin 试剂与酚类化合物(Tyr、Trp、Phe)在碱性条件下发生反应形成蓝色化合物,即蛋白酶分解酪蛋白生成的含酚基的氨基酸与 Folin 试剂反应呈蓝色,通过分光光度计比色可以测定酶活力大小。

三、实验器材

1. 样品

家畜饲养场、屠宰场等动物性蛋白丰富地点的土壤。

2. 培养基

(1) 筛选培养基(牛奶平板):在普通肉汤蛋白胨固体培养基中添加终质量浓度为1.5%的牛奶,pH9.0。普通肉汤蛋白胨固体培养基于 121℃,灭菌 20min;用水溶解脱脂奶粉后于 115℃,灭菌 30min。临用前将灭菌后的奶粉溶液与加热熔化的肉汤蛋白胨培养基混匀后倒平板。

（2）发酵培养基：玉米粉 4％、黄豆饼粉 3％、Na_2HPO_4 0.4％、KH_2PO_4 0.03％，用 3mol/L NaOH 调节 pH 值到 9.0，121℃ 灭菌 20min，装入 250mL 三角烧瓶，装瓶量为 50mL。

3. 试剂

（1）pH11 的硼砂-NaOH 缓冲液：将 19.08g 硼砂溶于 1000mL 水中，4g NaOH 溶于 1000mL 水中，两种溶液等量混合。

（2）2％酪蛋白：称取 2g 干酪素，用少量 0.5mol/L 的 NaOH 润湿后加入适量 pH11 的硼砂-NaOH 缓冲液，加热溶解，定容至 100mL，于 4℃ 冰箱中保存，该试剂使用期不超过一周。

（3）其他试剂：酪氨酸、三氯醋酸、NaOH、Na_2CO_3、Folin 试剂等。

4. 仪器和其他用具

装 90mL 无菌水的 250mL 三角烧瓶（内装 10 粒玻璃珠），装 4.5mL 无菌水的离心管 5 个、无菌培养皿、无菌玻璃涂棒、称量纸、试管架、药勺、接种环、吸管、试管、水浴锅、分光光度计、培养摇床、高压蒸气灭菌锅、尺、玻璃小漏斗和滤纸等。

四、实验内容

1. 稀释样品

取 10g 土样于装有玻璃珠和 90mL 无菌水的三角烧瓶中振荡混匀，制成 10^{-1} 稀释液，再稀释成 10^{-2}、10^{-3}、10^{-4}、10^{-5}、10^{-6}。（方法参照实验四）

2. 菌种分离、纯化

将 10^{-2}、10^{-3}、10^{-4}、10^{-5}、10^{-6} 的稀释液分别取 100μL 均匀涂布于筛选培养基（牛奶平板）上，置于 37℃ 培养箱中培养 48h；观察筛选平板长出的菌落周围有无透明水解圈，取水解圈较大的 4～5 株菌种，于筛选平板划线分离，在 37℃ 培养箱中培养 48h。

3. 初筛

将单菌落在筛选培养基（牛奶平板）上点种 3 处，于 37℃ 培养箱中培养 48h，测量各平板菌落透明圈直径（D）与菌落直径（d）的比值（HC）并求平均值，比较各菌 HC 平均值，取 HC 平均值最大的 2 株菌，斜面划线，于 37℃ 培养 48h 后保存。

4. 复筛

将初筛选定的 2 株菌活化，接种于发酵培养基中，于 37℃、180r/min 摇床培养 48h，将发酵液于 4℃、5000r/min 离心 10min，取上清液测定碱性蛋白酶活力。

碱性蛋白酶活力测定需要按标准进行。

（1）酶活力标准曲线的制作。用酪氨酸配制 0～100μg/mL 的标准溶液，取不同浓度的酪氨酸 1mL 与 5mL 0.4mol/LNa_2CO_3、1mL Folin 试剂混合，40℃ 水浴中显色 30min，于 680nm 处测定光密度并绘制标准曲线，求出光密度为 1 时相当的酪氨酸质量（μg）及 K 值。

（2）发酵上清液酶活力的测定。将离心所得的发酵上清液按照下列步骤（表 25-1）测定碱性蛋白酶活力。

表 25-1　碱性蛋白酶活力测定步骤

空　白　对　照	样　品
发酵液（或其稀释液）1mL； 0.4mol/L 三氯醋酸 3mL； 2% 酪蛋白 1mL；	发酵液（或其稀释液）1mL； 2% 酪蛋白 1mL； 40℃ 水浴保温 10min； 0.4mol/L 三氯醋酸 3mL
静置 15min，使蛋白质完全沉淀，然后用滤纸过滤，滤液应清亮、无絮状物	
滤液 1mL	
0.4mol/L Na$_2$CO$_3$ 5mL	
Folin 试剂 1mL	
40℃ 水浴保温 20min，于 680nm 处测定 OD 值	

碱性蛋白酶活力单位（U）以每毫升样品在 40℃、pH11 的条件下，每分钟水解酪蛋白所产生的酪氨酸质量（μg）来表示。

$$酶活力 = K \cdot A \cdot N \cdot 5/10$$

式中：K 为由标准曲线求出光密度为 1 时相当的酪氨酸质量（μg），本实验 $K=200$；N 为稀释倍数；A 为样品 OD 值与空白对照 OD 值之差；5/10 表示测定中吸取的滤液是全部滤液的 1/5，而酶反应时间为 10min。

比较两株初筛菌的酶活力，将酶活力更高者于牛奶平板划线至纯种，编号并转接至斜面培养后保存备用。

注意事项

通过复筛得到的高产菌株还应该以该发酵培养基为基础，进一步优化培养条件，使菌株的产酶能力进一步提高。（方法可参照实验二十三）

五、实验报告

（1）从土壤中分离纯化若干株菌，分别编号并附图。

（2）将初筛结果填入表 25-2 并附图。

表 25-2　初筛结果记录

菌　株　号	D/cm	d/cm	HC(D/d)	HC 平均值
1				
2				
3				

续表

菌 株 号	D/cm	d/cm	HC(D/d)	HC 平均值
4				

（3）将复筛结果填入表 25-3 中。

表 25-3　复筛结果记录

菌 株 号	OD				酶活力/(U/mL)
	1	2	3	平均	
空白对照					
1					
2					

六、思考题

习题解答

在牛奶平板上形成蛋白透明水解圈的大小为什么不能作为判断菌株产碱性蛋白酶能力的直接证据？试结合你初筛和复筛的结果分析。

实验二十六

链霉素抗性突变菌的分离筛选

一、目的要求

了解并熟悉抗药性突变株的筛选原理和方法。

二、实验原理

在遗传学、分子生物学、遗传育种和遗传工程等研究中,抗性突变菌常被用作遗传标记,因而掌握分离筛选抗性突变菌的方法十分必要。

梯度平板法是筛选抗药性突变型菌株的一种有效而简便的方法,其操作要点是:先加入不含药物的培养基,立即把培养皿斜放,待培养基凝固后形成一个斜面;再将培养皿平放,倒入含一定浓度药物的培养基(这样就形成了一个药物浓度梯度由浓到稀的梯度培养基);然后再将大量的菌液涂布于平板表面上。经培养后,高浓度药物处出现的菌落就是抗药性突变型菌株。

三、实验材料

1. 菌种

大肠杆菌。

2. 培养基和试剂

牛肉膏蛋白胨培养基、牛肉膏蛋白胨培养液、2×(2倍浓度)牛肉膏蛋白胨培养液(分装于小三角烧瓶中,每瓶装 20mL)、链霉素溶液($750\mu g/mL$)、生理盐水。

3. 仪器和其他用具

无菌培养皿、无菌玻璃涂棒、移液管、滴管、磁力搅拌器、磁力搅拌棒、离心机。

四、实验内容

1. 制备菌液

从已活化的斜面上挑取一环大肠杆菌,接种于装有 5mL 牛肉膏蛋白胨培养液的无菌离心管中(接种 2 支离心管),置 37℃条件下培养 16h 左右;离心(3500r/min,10min),弃去上清液后,用生理盐水洗涤 2 次再弃去上清液,将沉淀下来的细胞重新悬浮于 5mL 的生理盐水中;将 2 支离心管的菌液一并倒入装有玻璃珠的三角烧瓶中,充分振荡以分散细胞,制成细胞密度为 $1×10^8$ 个/mL 的菌液;吸 3mL 菌液于装有磁力搅拌棒的培养皿中。

2. 紫外线照射

(1)预热紫外灯:紫外灯功率为 15W,照射距离为 30cm。照射前先开灯预热 30min。

(2)照射:将培养皿放在磁力搅拌器上,先照射 1min 后再打开皿盖并计时,当照射达 2min 后立即盖上皿盖,关闭紫外灯。

3. 增殖培养(需在暗室红灯下操作)

照射完毕,用无菌滴管将全部菌液吸到含有 20mL 2×牛肉膏蛋白胨培养液的小三角烧瓶中,混匀后放入纸盒或用黑布(纸)包裹严密,置 37℃培养过夜。

4. 制备梯度培养皿

取 10mL 熔化后的牛肉膏蛋白胨培养基于直径 9cm 的培养皿中,立即将培养皿斜放,使高处的培养基正好位于皿边与皿底的交接处。待凝固后,将培养皿平放,再加入含有链霉素(60µg/mL)的牛肉膏蛋白胨培养基 10mL。待凝固后,便可以得到链霉素浓度梯度从零逐渐递增的培养皿(见图 26-1)。在皿底做一个"↑"符号标记。

5. 涂布菌液

将增殖后的菌液离心(3500r/min,10min),弃去上清液再加入少量生理盐水(约 0.2mL),制成浓菌液后将全部菌液涂布于梯度培养皿上,倒置于 37℃恒温箱中培养 24h,然后将出现在高药物浓度区内的单菌落分别接种到斜面上,经培养后再做抗药性测定(见图 26-2)。

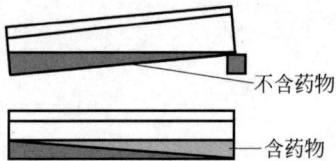

图 26-1 梯度培养皿的制作　　图 26-2 梯度培养皿上的抗药菌株

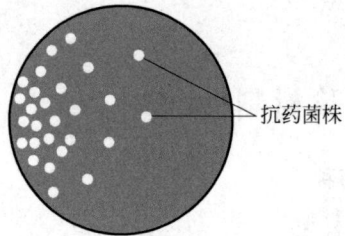

6. 抗药性测定

(1)制备含药平板:取链霉素溶液(750µg/mL)0.2mL、0.4mL、0.6mL、0.8mL,分别加入无菌培养皿中,再加入 15mL 熔化并冷却到 50℃左右的牛肉膏蛋白胨琼脂培养基,立即混匀,平置凝固后备用,另制备一个不含药物的平板作为对照。

(2)抗药性的测定:将上述每个培养皿皿底用记号笔划分为 8 等份,并注明 1~8 号,然后将若干抗药菌株逐个划在上述 4 种浓度的含药平板和对照平板上,每一皿必须留一格接种出发菌株(见图 26-3)。然后将所有的培养皿倒置于 37℃恒温箱中培养过夜,第二天观察各菌株的生长情况并记录结果。

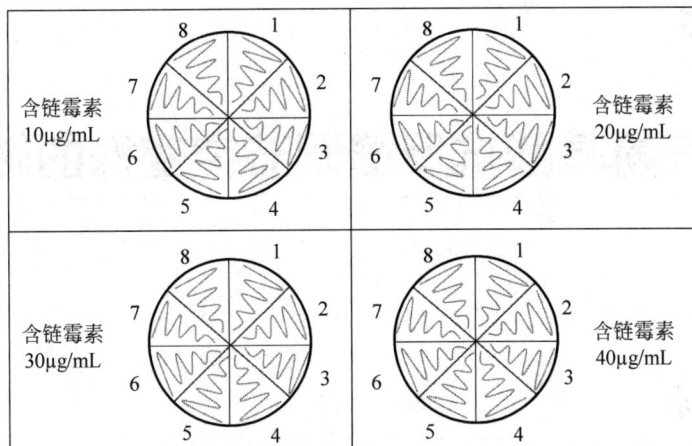

图 26-3　四种浓度平板上分离菌的接种方式

注：1～7 号为分离菌株，8 号为出发菌株。

注意事项

（1）制备含药平板时，务必使药物与培养基充分混匀。

（2）严格无菌操作，勿将含药平板上的杂菌误认为是抗药性大肠杆菌。

五、实验报告

将各菌株抗药性测定结果记录于表 26-1 中。

表 26-1　各菌株抗药性测定结果记录

菌株号	含药平板/(μg/mL)				对照平板（不含药物）
	10	20	30	40	0
1					
2					
3					
4					
5					
6					
7					
8（出发菌株）					

注："＋"表示生长，"－"表示不生长。

结果：已选抗药菌株＿＿＿株，最高抗药性达＿＿＿μg/mL。

六、思考题

未经诱变的菌株在含药平板上是否有菌落出现？为什么？

习题解答

实验二十七

产氨基酸抗反馈调节突变株的筛选

一、目的要求

(1) 了解代谢调控育种的原理、意义和主要策略。

(2) 学习应用含代谢末端产物结构类似物的选择性培养基,以筛选抗反馈调节突变株,提高赖氨酸生产菌的产量。

二、实验原理

北京棒杆菌(*Corynebacterium pekinense*)AS1.563 是生产赖氨酸的菌种,是高丝氨酸缺陷型,其赖氨酸产量比野生型高,但由于代谢末端产物赖氨酸和苏氨酸的协同存在反馈调节作用,不利于进一步积累赖氨酸(见图 27-1)。

```
天冬氨酸
   ↓        天冬氨酸激酶 ←──────┐
天冬氨酰胺磷酸                  ┊
   ↓                           ┊
天冬氨酸半缩醛                  ┊
   ↓ ┊            协同反馈抑制  ┊
高丝氨酸                        ┊
   ↓ ┊                         ┊
苏氨酸 ┊        赖氨酸 ─────────┘
```

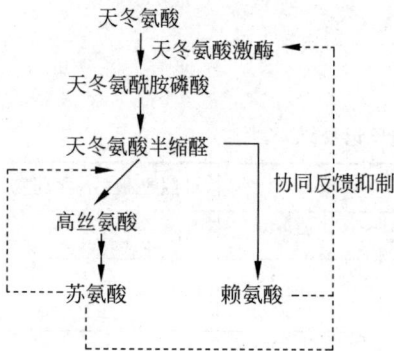

图 27-1　北京棒杆菌(高丝氨酸缺陷型)的赖氨酸代谢调控机制

采用理化因子诱变出发菌株 AS1.563 后,通过 S-(2-氨基乙基)-L-半胱氨酸(AEC)加少量苏氨酸的选择性培养基平板,可筛选到抗反馈调节突变株。正常情况下,细胞中过量的代谢末端产物(如赖氨酸)会反馈抑制和阻遏参与其生物合成途径的酶。赖氨酸可用于蛋白质的合成,而 AEC 是赖氨酸的结构类似物,具有与赖氨酸一样的调节作用,但不能被用于合成蛋白质。经诱变处理的出发菌株在含有 AEC 的培养基中培养时,由于绝大多数细胞不能合成赖氨酸而死亡;只有那些对 AEC 不敏感的抗性突变株能解除代谢末端产物赖氨酸和苏氨酸的协同反馈调节,进而大量生成、积累赖氨酸,并生成菌落。这些突变菌株中:①有可能是由于参与氨基酸合成的酶分子结构发生了变化,所以对 AEC 不敏感,即抗反馈抑制的突变株;②有可能是由于编码参与氨基酸合成酶操纵子的控制基因发生了突变,编码出没有活性的调节蛋白而对赖氨酸结构类似物(AEC)不敏感,即抗反馈阻遏的突变株。这些突变株对赖氨酸的合成失去了控制,从而能大量地生产赖氨酸。在选择性培养基中还应添加少量苏氨酸,以起到协同反馈调节作用。

三、实验材料

1. 菌种

北京棒杆菌（*Corynebacterium pekinense*）AS1.563（高丝氨酸缺陷型）。

2. 培养基

（1）牛肉膏蛋白胨的固体、半固体和液体培养基。

（2）基础培养基：葡萄糖 20g、硫酸铵 10g、尿素 2.5g、KH_2PO_4 1.0g、$MgSO_4 \cdot 7H_2O$ 0.04g、$FeSO_4 \cdot 7H_2O$ 2mg、$MeSO_4 \cdot 6H_2O$ 2mg、生物素 50μg、硫胺素 200μg、甲硫氨酸 0.02g、苏氨酸 0.02g、琼脂 20g、蒸馏水 1000mL，pH7.5，121℃ 灭菌 20min。

（3）含 AEC 的培养基：S-(2 氨基乙基)-L-半胱氨酸（AEC）5g、葡萄糖 20g、硫酸铵 10g、尿素 2.5g、KH_2PO_4 1.0g、$MgSO_4 \cdot 7H_2O$ 0.04g、$FeSO_4 \cdot 7H_2O$ 2mg、$MeSO_4 \cdot 6H_2O$ 2mg、生物素 50μg、硫胺素 200μg、甲硫氨酸 0.02g、苏氨酸 0.02g、琼脂 20g、蒸馏水 1000mL，pH7.5，121℃灭菌 20min。

（4）AEC 溶液（60g/L）：用不含琼脂的基础培养液配制成 AEC 含量为 60g/L 的溶液，121℃灭菌 20min。

（5）赖氨酸摇瓶发酵培养基：葡萄糖 100g、硫酸铵 40g、KH_2PO_4 1.0g、$MgSO_4$ 0.4g、铁、锰各 2mg，生物素 300μg、硫胺素 200μg、碳酸钙 50g、味液 2.0g（味液含 5.1g/L 苏氨酸、1.2g/L 蛋氨酸、4.9mg/L 异亮氨酸），蒸馏水 1000mL。分装于 1000mL 三角烧瓶中，每瓶装 350mL，于 115～120℃下灭菌 10～20min。其中，碳酸钙单独于 120～125℃下灭菌 1h 后与其他成分灭菌后混匀。

3. 仪器和其他用具

恒温振荡摇床，培养皿，三角烧瓶，离心管，10mL、5mL 和 1mL 移液管，玻璃涂棒，接种环，磁力搅拌器，磁力搅拌棒，试管，紫外灯等。

四、实验内容

1. 紫外灯诱变处理

将 AS1.563 菌种斜面在 30℃培养过夜后，挑一环接入 20mL 牛肉膏蛋白胨培养液中（用 250mL 三角烧瓶），30℃摇床培养 16～18h 后离心（3500r/min，10min），用生理盐水离心洗涤两次后加生理盐水使总体积至 20mL。各取 5mL 菌液，加入三个装有磁力搅拌棒的培养皿中，分别置于磁力搅拌器上。紫外灯预热 20min 后开动搅拌器，打开皿盖分别照射 10s、30s、60s，灯距为 30cm。

2. 稀释诱变液

照射完毕，用无菌的生理盐水稀释诱变液，将照射 10s 者稀释到 $10^{-5} \sim 10^{-4}$，将照射 30s 者稀释到 $10^{-3} \sim 10^{-2}$，将照射 60s 者稀释到 $10^{-2} \sim 10^{-1}$，将对照样本稀释到 $10^{-6} \sim 10^{-5}$。

3. 制备梯度培养皿

取 10mL 不含 AEC 的基础培养基于直径 9cm 的培养皿中，立即将培养皿斜放，使高处的培养基正好位于皿边与皿底的交接处。待凝固后,将培养皿平放,再加入 10mL 含有 AEC 的基础培养基。待凝固后,便得到了 AEC 浓度从 0 逐渐递增的梯度培养皿。在皿底做一个"↑"符号标记(见图 27-2)。

4. 涂布菌液

取各稀释液 0.1mL 分别涂布于梯度培养皿上,30℃ 避光培养 4～5d,观察平板上菌落的生长情况。

5. 抗反馈调节突变株的分离筛选

将出现在高 AEC 浓度区的单菌落(见图 27-3)分别接种于牛肉膏蛋白胨斜面培养基上,30℃ 避光培养 4～5d。

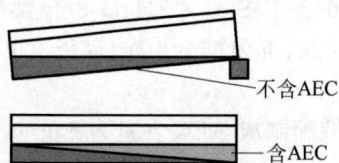

图 27-2　梯度培养皿的制作

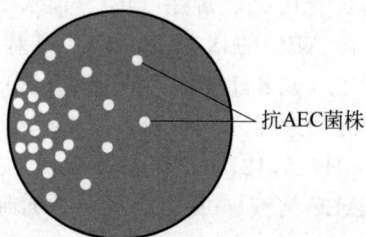

图 27-3　梯度培养皿上的抗 AEC 菌株

6. 抗反馈调节突变株的复证

(1) 制备含 AEC 的平板:取 AEC 溶液(60g/L)0.25mL、0.5mL、0.75mL、1mL,分别加到无菌培养皿中,再加入熔化并冷却到 50℃ 左右的基础培养基至总量达 15mL,立即混匀,待凝固后即成为含有 1g/L、2g/L、3g/L、4g/L 不同 AEC 浓度的平板,另制备一个不含药物的平板作为对照样本。

(2) 接种:将上述每个皿底的外面用记号笔划分为 8 等份,并注明 1～8 号,然后将步骤 5 分离的菌株逐个划在上述 4 种浓度的 AEC 平板和对照平板上,每一皿必须留一格接种出发株(见图 27-4),然后将所有的培养皿倒置于 30℃ 培养 24～48h,观察各菌株的生长情况并记录结果。

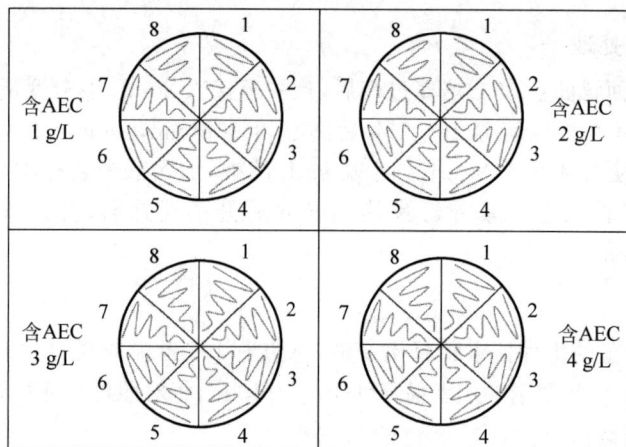

图 27-4　四种 AEC 浓度平板上分离菌的接种方式

注:1～7 号为分离菌,8 号为出发株。

7. 抗 AEC 突变菌株赖氨酸产量的测定

挑取复证确认的抗反馈调节突变株和出发菌株斜面菌苔各一环，接入赖氨酸摇瓶发酵培养基，于 30℃ 振荡培养（摇床转速 220r/min）48～72h，测定发酵液中的赖氨酸含量，选出高产菌株。

华勃氏呼吸仪法
测定赖氨酸含量

注意事项

（1）紫外线诱变和分离应在暗室内红灯下操作，涂皿后应放入纸盒或用黑布（纸）包好，置 30℃ 避光培养。

（2）北京棒杆菌 AS1.563 最适生长温度是 30℃，不宜放入 37℃ 培养。

五、实验报告

（1）将各分离菌株的复证结果记录于表 27-1 中。

表 27-1　复证结果记录

菌　株　号	含 AEC 平板/(g/L)				对照平板（不含药物）
	1	2	3	4	0
1					
2					
3					
4					
5					
6					
7					
8（出发菌株）					

注："＋"表示生长，"－"表示不生长。

（2）将复证确认的抗 AEC 突变菌株的赖氨酸产量结果记录于表 27-2 中。

表 27-2　赖氨酸产量结果记录

菌　株　号	赖氨酸产量/(g/L)
8（出发菌株）	

结果：已选抗结构类似物（AEC）突变菌株＿＿＿株，其中，赖氨酸产量最高达＿＿＿g/L。

六、思考题

习题解答

（1）本实验制作梯度平板时为什么要加入苏氨酸？如果不加苏氨酸应该加什么物质？

（2）本实验制作梯度平板时为什么要用基本培养基？

大肠杆菌质粒DNA的提取和电泳检测

一、目的要求

学习和掌握碱裂解法提取大肠杆菌质粒 DNA 的原理和方法。

二、实验原理

质粒是一种染色体外的 DNA 分子,其大小范围为 1~200kb,大多数来自细菌细胞的质粒为双链、共价闭合环状的 DNA 分子,并以超螺旋状态存在于宿主细胞中。质粒主要被发现于细菌、放线菌和真菌细胞中,具有自主复制和转录能力,能在子代细胞中保持恒定的副本数,并表达所携带的遗传信息。

质粒载体是在天然质粒的基础上为适应实验室操作而人工构建的。与天然质粒相比,质粒载体通常带有一个或一个以上的选择性标记基因(如抗生素抗性基因)和一个人工合成的含有多个限制性内切酶识别位点的多克隆位点序列,并去掉了大部分非必需序列,使分子量尽可能减少,以便基因工程操作。常用的质粒载体有 pBR322、pUC18、pUC19 等,本实验将提取 pUC18 质粒。

从细菌中分离质粒 DNA 包括 3 个基本步骤:培养细菌使质粒扩增,收集和裂解细胞,分离和纯化质粒 DNA。本实验以碱裂解法为例介绍质粒的抽提过程。碱裂解法的原理是:在碱性条件下,用十二烷基磺酸钠(SDS)破坏菌体细胞壁,并使菌体蛋白质和染色体 DNA 变性,解开双链,质粒 DNA 具有超螺旋闭合环状结构,虽变性但两条互补链不会完全分离;当 pH 值被调至中性后,质粒 DNA 可以恢复构型,并以溶解状态存在于液相,而细菌染色体 DNA 比质粒大得多,难以在碱变性后复性,会与变性的蛋白质和细胞碎片缠绕在一起,可以通过离心法除去。

三、实验材料

1. 菌种

大肠杆菌 DH5α/pUC18(Amp^r)。

2. 培养基和试剂

含氨苄青霉素(Amp)的 LB 液体和固体培养基。

溶液Ⅰ、Ⅱ、Ⅲ（见附录2中"21.质粒制备、转化和染色体DNA提取的溶液配制"），酚-氯仿-异戊醇溶液（酚、氯仿、异戊醇的体积比为25∶24∶1），TE缓冲液，10μg/mL的无DNase的RNase，冷无水乙醇，70%乙醇电泳缓冲液（TAE缓冲液），0.7%琼脂糖凝胶，凝胶加样缓冲液，1mg/mL溴化乙锭，氨苄青霉素水溶液（100μg/mL）。

3. 仪器和其他用具

微量移液器（20μL、200μL、1000μL）、台式高速离心机、恒温振荡摇床、旋涡混合器、水平式电泳装置、电泳仪、恒温水浴锅、电炉、紫外透射仪、凝胶成像系统等。

四、实验内容

1. 质粒DNA的提取

（1）从大肠杆菌DH5α/pUC18的一个单菌落挑取菌，接种于盛有5mL LB培养基的试管中（含100μg/mL的氨苄青霉素），于37℃振荡培养16～24h。

（2）吸取1.5mL的培养物于Ep管中，以12 000r/min离心30s，弃去上清液，留下细胞沉淀。

（3）加入100μL冰预冷的溶液Ⅰ，在旋涡混合器上强烈振荡混匀。

（4）加入200μL溶液Ⅱ，盖严管盖，反复颠倒小离心管5～6次或用手指弹动小管数次以混合内容物，置冰浴3～5min。注意不要强烈振荡，以免染色体DNA断裂成小的片段而不易与质粒DNA分开。

（5）加入150μL溶液Ⅲ，在旋涡混合器上快速短时（约2s）振荡混匀，或将管盖朝下温和振荡10s，置冰浴3～5min。（确保完全混匀，又不致使染色体DNA断裂成小片段。）

（6）以12 000r/min离心5min以沉淀细胞碎片和染色体DNA。取上清液转移至另一洁净的小离心管中。

（7）加入等体积的酚-氯仿-异戊醇溶液，振荡混匀，室温下离心2min，小心吸取上层液相至另一洁净小离心管中。

（8）加入2倍体积的冷无水乙醇，置室温下2min以沉淀核酸。

（9）室温下离心5min，弃上清液。加入1mL 70%乙醇振荡漂洗沉淀。

（10）离心后，弃上清液。可见DNA沉淀吸附在离心管管壁上，用记号笔标记其位置，并用消毒的小滤纸条小心地吸净管壁上残留的乙醇，将管倒置放在滤纸上，室温下蒸发痕量乙醇10～15min，或真空抽干乙醇2min。也可在65℃烘箱中干燥2min。

（11）加入50μL TE缓冲液（含20μg/mL RNase），充分混匀，取5L进行琼脂糖凝胶电泳，剩下的贮存于−20℃冰箱内，以备下一个实验使用。

用加入的50μL TE缓冲液多次、反复地洗涤DNA沉淀标记部位，以充分溶解吸附在管壁上的质粒DNA。

2. 琼脂糖凝胶的制备及DNA电泳的检测

（1）将微型电泳槽的胶板两端挡板插上，在其一端放好梳子，梳子的底部与电泳槽底板之间保持约0.5mm距离。

（2）用电泳缓冲液配制0.7%的琼脂糖凝胶，加热使其完全溶解，加入一小滴溴化乙锭溶液(1mg/mL)使胶呈微红色,摇匀(但不要产生气泡),冷至 65℃ 左右,倒胶(凝胶厚度一般为 0.3~0.5cm)。倒胶之前先用琼脂糖封好电泳胶板两端挡板与其底板的连接处以免漏胶。

　　注意:根据实验需要,溴化乙锭也可不直接加入胶中,而是在电泳完毕后将凝胶放在含 0.5mg/mL 的溴化乙锭中染色 15~30min,然后转入蒸馏水中脱色 15~30min。

　　(3) 待胶完全凝固后,小心取出两端挡板和梳子,将载有凝胶的电泳胶板(或直接将凝胶)放入电泳槽的平台上,加电泳缓冲液,使其刚好浸没胶面(液面约高出胶面1mm)。

　　(4) 取上述获得的质粒 DNA 3~5pL,加 1~2μL 加样缓冲液(内含溴酚蓝指示剂),混匀后上样。

　　(5) 接通电源,注意上样槽一端应位于负极。电压选择为 1~5V/cm(长度以两个电极之间的距离计算)。

　　(6) 根据指示剂迁移的位置判断是否中止电泳。切断电源后,再取出凝胶,置紫外透射仪上观察结果或拍照。溴化乙锭特异性地插入质粒 DNA 分子后,同一种质粒的相对分子质量大小一致,因此凝胶中将形成一条整齐的荧光带而有别于染色体荧光带。

五、实验报告

　　描绘在紫外透射仪上观察到的质粒凝胶电泳结果(或照相)。

六、思考题

　　(1) 碱裂解法抽提质粒的基本原理是什么?
　　(2) 抽提质粒的过程中应注意什么问题?

习题解答

实验二十九

大肠杆菌感受态细胞的制备和转化

一、目的要求

(1) 了解和掌握基因工程中常用的质粒转化方法。

(2) 检测自制质粒 DNA 的转化活性。

二、实验原理

转化(transformation)是将外源 DNA 分子引入受体细胞,使之获得新的遗传性状的一种手段,是微生物遗传学的基本实验技术之一。用于转化的受体细胞一般是限制修饰系统缺陷的变异株,用符号 R⁻M⁻ 表示,以防止对导入的外源 DNA 的切割。此外,为了方便检测,受体细胞一般应具有可选择的标记(如抗生素敏感性、颜色变化等)。但质粒 DNA 能否进入受体细胞取决于该细胞是否处于感受态(competence)。感受态指受体细胞处于容易吸收外源 DNA 的一种生理状态,可通过物理、化学方法诱导形成,也可自然形成(自然感受态)。大肠杆菌是常用的受体菌。

$CaCl_2$ 法是目前实验室常用的制备感受态细胞的方法,其原理是使细菌处于 0℃ 的 $CaCl_2$ 低渗溶液中而膨胀成球形,进而使细胞膜的通透性发生改变,也使外源 DNA 附着于细胞膜表面,经 42℃ 短时间热激处理,促进细胞吸收 DNA 复合物,在丰富培养基上生长数小时后,球状细胞复原并分裂增殖,在选择性培养基上便可获得所需的转化子。

三、实验材料

1. 菌种

大肠杆菌 HB101(Amp^s)。

2. 培养基和试剂

LB 液体培养基(20mL 装于 250mL 三角烧瓶)、含(和不含)氨苄青霉素的 LB 平板、2× LB 培养基、pUC18 质粒、0.1mol/L $CaCl_2$ 溶液等。

3. 仪器和其他用具

恒温水浴锅(37℃、42℃)、分光光度计、台式高速离心机、10mL 塑料离心管、1.5mL 塑料离心管、微量移液器、玻璃涂棒等。

四、实验内容

1. 感受态细胞的制备

（1）将大肠杆菌 HB101 在 LB 平板上划线，于 37℃培养 16～20h。

（2）从平板上一个单菌落上挑取 1 环菌，接种于盛有 20mL 液体 LB 培养基的 250mL 三角烧瓶中，37℃振荡培养到细胞的 OD_{600} 值达 0.3～0.5，此时细胞将处于对数生长期或对数生长前期。

（3）将培养物于冰浴中放置 10min，然后转移到 2 个 10mL 预冷的无菌离心管中，在 0～4℃条件下，以 4000r/min 离心 10min。

（4）弃上清液，倒置离心管 1min，待剩余液体流尽后再冰浴 10min。

（5）分别向 2 管各加入 5mL 用冰预冷的 0.1mol/L $CaCl_2$ 溶液悬浮细胞，冰浴 20min。

（6）在 0～4℃条件下，以 4000r/min 离心 10min，弃上清液，回收菌体。分别向 2 管各加入 1mL 冰预冷的 0.1mol/L $CaCl_2$ 溶液，重新悬浮细胞。

（7）按每份 200μL 将重悬细胞分装于无菌小塑料离心管中（如果不马上用则可加入终浓度为 10%的无菌甘油，置于 −20℃或 −70℃贮存备用）。

2. 质粒 DNA 的转化

（1）加 10μL 含约 0.5μg 自制的 pUC18 质粒 DNA 到上述制备的 200μL 感受态细胞中。同时设三组对照：①不加质粒；②不加受体；③加已知具有转化活性的质粒 DNA（转化实验阳性），具体操作参照表 29-1 进行。

表 29-1　转化操作表

编号	组　　别	质粒 DNA/μL	TE 缓冲液/μL	(0.1mol/L $CaCl_2$)/μL	受体菌悬液/μL
1	不加质粒对照组		10		200
2	不加受体对照组	10(0.5μg)		200	
3	转化实验阳性对照组	10(0.5μg)			200
4	转化实验组	10(0.5μg)			200

注：转化实验阳性对照样本指用已知具有转化活性的 pUC18 质粒 DNA 进行转化。

（2）每组样品轻轻混匀，冰浴 30～40min，然后置于 42℃水浴热激 3min，迅速放回冰浴 1～2min。

（3）向每组样品中加入等体积的 2×LB 培养基，于 37℃保温 1～1.5h（让转化子中的质粒表达抗生素抗性蛋白）。

（4）每组各取 100μL 混合物涂布于含氨苄青霉素（50μg/mL）的 LB 平板（选择平板）上，室温下放置 20～30min。

（5）待菌液被琼脂吸收后，将平板倒置于 37℃培养 12～16h 后观察。

注意事项

（1）实验中所用的器皿均要灭菌，以防止杂菌和外源 DNA 的污染。

（2）实验过程中要注意无菌操作，溶液的移取、分装等均应在无菌超净工作台上进行。

（3）必须设对照组，以检验实验过程中是否发生污染。

（4）整个实验过程均需置于冰上，同时避免剧烈的振荡以保持细胞的活性。

（5）应选用对数生长期细胞，OD_{600}值不应高于0.6。

五、实验报告

（1）自行设计表格并记录实验结果。

（2）按下列公式计算转化效率。

转化效率（转化子数/每微克质粒DNA）＝转化子总数/DNA质粒加入量（μg）

六、思考题

习题解答

（1）转化实验中的三组对照各起什么作用？如果转化实验阳性对照组在选择平板上无菌落生长，而转化实验组有菌落生长，说明什么问题？如果是相反的结果，又说明什么问题？

（2）大肠杆菌感受态细胞制备及转化的影响因素有哪些？

实验三十

水中生化需氧量(BOD)的测定

一、目的要求

(1) 理解生化需氧量(biochemical oxygen demand,BOD)的含义。

(2) 了解水样预处理的原理与处理方法。

(3) 掌握 BOD 的测定原理及操作方法。

二、实验原理

BOD_5 即"五日生化需氧量"。一般指在 20℃下,1L 污水中所含的有机物(主要是有机碳源)在进行微生物氧化时 5 日内所消耗的分子氧的毫克数。

BOD 是一种表示水中易被微生物降解的有机物含量的间接指标。

测定 BOD 的基本原理是取一定量被测水样,用加有磷素营养和经氧饱和的稀释用水,将被测水样稀释到一定浓度,然后将其放在密封瓶内,在 20℃恒温箱内培养 5d,最后测定水中残留的溶解氧(dissolved oxygen,DO)的量并计算消耗的分子氧部分。

三、实验材料

1. 水样

生活废水或其他废水。

2. 实验试剂

(1) 磷酸盐缓冲液:将 8.5g 磷酸二氢钾(KH_2PO_4)、21.75g 七水磷酸氢二钾($K_2HPO_4 \cdot 7H_2O$)、33.4g 七水磷酸氢二钠($Na_2HPO_4 \cdot 7H_2O$)和 1.7 g 氯化铵(NH_4Cl)溶于水中,稀释至 1000mL。此溶液的 pH 值应为 7.2。

(2) 硫酸镁溶液:将 22.5g 七水硫酸镁($MgSO_4 \cdot 7H_2O$)溶于水中,稀释至 1000mL。

(3) 氯化钙溶液:将 27.5g 无水氯化钙溶于水中,稀释至 1000mL。

(4) 氯化铁溶液:将 0.25g 六水氯化铁($FeCl_3 \cdot 6H_2O$)溶于水中,稀释至 1000mL。

(5) 盐酸溶液(0.5mol/L):将 40mL($\rho=1.18g/mL$)盐酸溶于水中,稀释至 1000mL。

(6) 氢氧化钠溶液(0.5mol/L):将 20g 氢氧化钠溶于水中,稀释至 1000mL。

(7) 亚硫酸钠溶液(0.025mol/L):将 1.575g 亚硫酸钠溶于水中,稀释至 1000mL。此溶液不稳定,需在使用当天配制。

(8) 稀释水:在 5~20L 玻璃瓶内装入一定量的水,控制水温在 20℃左右,然后用无油空气压缩机或薄膜泵将此水曝气 2~8h,使水中的溶解氧接近于饱和(也可以鼓入适量纯氧)。瓶口盖以两层经洗涤晾干的纱布,置于 20℃培养箱中放置数小时,使水中溶解氧达 8mg/L 左右。临用前于每升水中加入氯化钙溶液、氯化铁溶液、硫酸镁溶液、磷酸盐缓冲液各 1mL 并混合均匀。稀释水的 pH 值应为 7.2,其 BOD_5 应小于 0.2mg/L。

3. 其他用具

1000mL 量筒、250mL 溶解氧瓶或具塞试剂瓶、50mL 滴定管、1mL 移液管、25mL 移液管、100mL 移液管、250mL 碘量瓶等。

四、实验内容

1. 水样的预处理

(1) 水样的 pH 值应保持在 6.5~7.5 范围内,超出此范围时可用盐酸或氢氧化钠溶液调节 pH 值接近于 7,但用量不要超过水样体积的 0.5%。若水样的酸度或碱度很高则可改用高浓度的碱或酸进行中和。

(2) 含有少量游离氯的水样一般放置 1~2h 后游离氯即可消失。处理游离氯在短时间内不能消失的水样时,可加入适量的亚硫酸钠溶液以除去游离氯,具体加入量的计算方法是:取水样 100mL,加入“1+1”乙酸(冰醋酸与水的体积比为 1∶1)10mL、10%碘化钾溶液 1mL 混匀。以淀粉溶液为指示剂,用亚硫酸钠标准溶液滴定游离碘,根据亚硫酸钠标准溶液消耗的体积及浓度计算水样中所需要加入亚硫酸钠溶液的量。

(3) 从水温较低的水域或富营养化的湖泊中采集的水样可能含有过饱和溶解氧,此时应将水样迅速升温至 20℃左右,在不满瓶的情况下充分振摇,并不时开塞放气,以赶出过饱和的溶解氧。

(4) 水样中含有铜、铅、锌、铬、镉、砷、氰等有毒物质时,可使用经过驯化的微生物接种液的稀释水进行稀释,或增大稀释倍数以减少毒物的浓度。

2. 水样的测定

(1) 不经稀释的水样测定:溶解氧含量较高、有机物含量较少的地面水可不经稀释,而直接以虹吸法将约 20℃的混匀水样转移至两个溶解氧瓶内,转移过程中应避免产生气泡。以同样的操作使两个溶解氧瓶充满水样,加塞水封,立即测定其中一瓶的溶解氧,将另一瓶放入培养箱中,在(20±1)℃培养 5d,在培养过程中注意添加封口水。从开始放入培养箱算起,经过 5d 后,弃去封口水,测定剩余的溶解氧。

(2) 经过稀释的水样测定:水样需要稀释的倍数通常根据实践经验确定,下述计算方法可供稀释时参考。稀释后以同样的方法测定水样在培养前后的溶解氧浓度,并测定稀释水(或接种稀释水)在培养前后的溶解氧浓度。

① 地表水:由测得的高锰酸盐指数与一定的系数相乘求得稀释倍数。高锰酸盐指数与系数的关系见表 30-1。

表 30-1 高锰酸盐指数与系数的关系

高锰酸盐指数/(mg/L)	系　　　数
<5	—
5~10	0.2、0.3
10~20	0.4、0.6
>20	0.5、0.7、1.0

② 工业废水:由重铬酸钾法测得的化学需氧量(chemical oxygen demand,COD)值确定,通常需做三个稀释比,即在使用稀释水(或接种稀释水)时,由 COD 值分别乘以系数 0.075、0.15、0.225,即获得三个稀释倍数。

确定稀释倍数后,水样的稀释方法如下。

一般稀释法:按照选定的稀释比例,用虹吸法沿筒壁先引入部分稀释水(或接种稀释水)于 1000mL 量筒中,加入需要量的均匀水样,再引入稀释水(或接种稀释水)至 800mL,用带胶板的玻璃棒小心上下搅匀。搅拌时勿使玻璃棒的胶板漏出水面,防止产生气泡。

直接稀释法:直接稀释法是在溶解氧瓶内直接稀释的方法。在已知两个容积相同(差值小于 1mL)的溶解氧瓶内,用虹吸法加入部分稀释水(或接种稀释水),再加入根据瓶容积和稀释比例计算出的水样量,然后用稀释水(或接种稀释水)刚好充满瓶子,加塞,勿留气泡于瓶内。

在 BOD_5 测定中,一般采用碘量法测定溶解氧。

3. 结果的计算

(1) 不经稀释直接培养的水样计算方法如下。

$$BOD_5(mg/L) = C_1 - C_2$$

式中:C_1——水样在培养前的溶解氧浓度(mg/L)。

C_2——水样经 5d 培养后剩余的溶解氧浓度(mg/L)。

(2) 经稀释后培养的水样计算方法如下。

$$BOD_5(mg/L) = [(C_1 - C_2) - (B_1 - B_2)f_1]/f_2$$

式中:C_1——水样在培养前的溶解氧浓度(mg/L)。

C_2——水样经 5d 培养后,剩余溶解氧浓度(mg/L)。

B_1——稀释水(或接种稀释水)在培养前的溶解氧浓度(mg/L)。

B_2——稀释水(或接种稀释水)在培养后的溶解氧浓度(mg/L)。

f_1——稀释水(或接种稀释水)在培养液中所占比例。

f_2——水样在培养液中所占比例。

注:f_1、f_2 的计算,如培养液的稀释比为 3%,即 3 份水样,97 份稀释水,则 $f_1 = 0.97$,$f_2 = 0.03$。

碘量法测定水中溶解氧的原理和方法

注意事项

(1) 玻璃器皿应彻底清洗干净。需先用洗涤剂浸泡清洗,然后用稀盐酸浸泡,最后依次用自来水、蒸馏水洗净。

(2) 水样稀释倍数超过 100 倍时,应预先在容量瓶中用水初步稀释,再取适量进行最后稀释培养。

（3）在两个或三个稀释比的样品中，凡消耗溶解氧大于 2mg/L，和剩余溶解氧大于 1mg/L 都有效，计算结果时应取平均值。

五、实验报告

（1）将实验结果填入表 30-2 中。

表 30-2　实验结果记录

| 样品编号 | 当天滴定值 | | DO/(mg/L) | 5 天后滴定值 | | DO/(mg/L) | BOD$_5$/(mg/L) |
	V_1/mL	V_2/mL		V_1/mL	V_2/mL		
稀释水							
1							
2							
3							

（2）取 BOD$_5$ 的平均值作为测定结果，根据实际测量情况分析影响实验的主要因素，对实验数据进行分析计算，得出实验条件下的 BOD$_5$ 值。

六、思考题

习题解答

（1）指出 BOD 与 COD 的区别。

（2）测定 BOD 时的影响因素有哪些，如何减少干扰？

（3）在测定溶解氧和生化需氧量的过程中，应如何避免水样与空气之间氧的交换？

实验三十一

苯酚生物降解菌的筛选

一、目的要求

（1）掌握微生物分离纯化的基本操作。

（2）掌握用选择性培养基从土壤中分离苯酚生物降解菌的原理和方法。

二、实验原理

苯酚是一种在自然条件下难降解的有机物，其长期残留于空气、水体、土壤中，会造成严重的环境污染，对人体、动物有较高毒性。长期饮用被苯酚污染的水可使人出现头昏、瘙痒、贫血等症状及神经系统障碍，而当水中酚含量大于 5mg/L 时，就会使鱼中毒死亡。

利用微生物降解苯酚是一种经济、高效且无二次污染的方法。苯酚生物降解菌的分离对治理污染、改善环境意义重大。

苯酚生物降解菌的分离可以采用梯度平板法，其原理和过程是：从苯酚浓度梯度培养基平板高含药区上分离出的菌落对苯酚具有较好的耐受性，可能具有分解苯酚的能力，将其在以苯酚为唯一碳源的培养基里进行摇床培养，淘汰掉不能利用苯酚的菌株即可筛选到苯酚生物降解菌；再通过不同浓度的苯酚药物培养基分离，即可筛选出耐受能力好、降解程度高的苯酚生物降解菌。

三、实验材料

1. 样品

被苯酚污染的土样或污水处理厂的活性污泥。

2. 培养基和试剂

（1）培养基。①牛肉膏蛋白胨培养基。②药物培养基：将一定量苯酚加入到牛肉膏蛋白胨培养基中制成。③以苯酚为唯一碳源的液体培养基：$1.0g\ NH_4Cl$、$0.6g\ K_2HPO_4$、$0.4g\ KH_2PO_4$、$0.06g\ MgSO_4$、$3mg\ FeSO_4$，按设计量添加苯酚及 1000mL 水，使 pH 值为 $7.0 \sim 7.5$。

（2）试剂。牛肉膏、蛋白胨、苯酚、K_2HPO_4、KH_2PO_4、$MgSO_4$、$FeSO_4$ 等。

3. 仪器和其他用具

722 型分光光度计、培养皿、玻璃涂棒、移液管、滴管、纱布、接种环等。

四、实验内容

1. 苯酚耐受菌株的初筛

(1) 制备浓度梯度培养基平板：在无菌培养皿中先倒入 10mL 不含苯酚的牛肉膏蛋白胨培养基，将培养皿一侧置于木条上，使培养皿中培养基倾斜成斜面，且刚好完全盖住培养皿底部；待培养基凝固后，将培养皿放平，再倒入 10mL 含 0.1g/L 苯酚的牛肉膏蛋白胨培养基(见图 31-1)。

(2) 制备样品菌悬液：将采集的土样溶解于无菌水中，摇匀，适度稀释，备用。

(3) 涂布平板：分别从各菌悬液试管中取 0.1mL 菌悬液于苯酚浓度梯度平板上，用无菌的玻璃涂棒涂布均匀。

(4) 培养：在恒温培养箱中 30℃培养 12d。

(5) 挑取菌落：在培养基平板中，药物浓度呈由低到高的梯度分布，平板上长成的菌落也呈现由密到稀的梯度分布(见图 31-2)，而高浓度药物区生长的少数菌落一般具有较强的抗药性。挑取高含药区的单个菌落于牛肉膏蛋白胨培养基斜面上，划线。

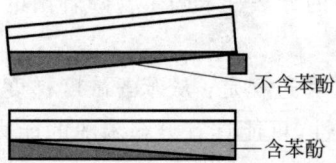

图 31-1　浓度梯度培养基平板制作

不含苯酚

含苯酚

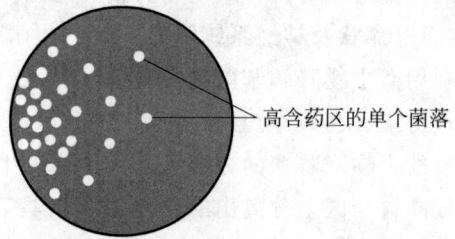

高含药区的单个菌落

图 31-2　高含药区的单个菌落

(6) 培养、保藏：将接种后的斜面于恒温培养箱中 30℃培养 12d，编号，于 4℃冰箱保藏。

2. 以苯酚为唯一碳源的菌株的筛选

(1) 单碳源培养基的配制：按"以苯酚为唯一碳源的液体培养基"的配方，用 250mL 三角烧瓶(每瓶装 50mL)制成液体摇瓶。

(2) 苯酚的浓度设定：苯酚的浓度分别按 0.2g/L、0.4g/L、0.6g/L、0.8g/L、1.0g/L、1.2g/L 六个浓度梯度配制。

(3) 平行样：每个菌株、每个药物浓度各配制平行样两瓶。

(4) 灭菌：121℃灭菌 20min。

(5) 接种：将初筛的苯酚耐受性菌株分别用少许无菌水稀释，接种于对应摇瓶中，塞子采用八层纱布的通气塞。

（6）培养：30℃,180r/min摇床培养2d。

（7）检测：用分光光度计测定OD值,以空白培养基作对照,检测各摇瓶菌体浓度。

（8）筛选：菌体浓度高的菌株即能在以苯酚为唯一碳源的培养基中生长且生长良好的菌株,可用于下一步实验。

3. 高耐受性苯酚生物降解菌的筛选

（1）药物培养基平板的配制：按不同浓度(0.2g/L、0.4g/L、0.6g/L、0.8g/L、1.0g/L、1.2g/L)苯酚配置药物培养基平板。

（2）灭菌、倒平板：121℃灭菌20min,倒平板,每个菌株、每个浓度平行倒2个平板。

（3）制备菌悬液：将上一步筛选出来的各菌株(能在以苯酚为唯一碳源的培养基中生长且生长良好的菌株)用无菌水制成菌悬液。

（4）涂平板：分别从各菌悬液中取0.1mL涂布于药物培养基平板上,每个菌悬液涂布一组不同浓度的苯酚药物培养基平板,每个浓度设两个平板。

（5）培养：于恒温培养箱中30℃培养12d。

（6）筛选：观察、记录并挑选高浓度药物培养平板上生长旺盛的菌落,此即高耐受性苯酚生物降解菌。将之接种于牛肉膏蛋白胨培养基斜面上30℃培养12d后保存。

注意事项

（1）各种培养基的配制应严格按配方的要求完成,尤其要严控苯酚的称量和pH值。

（2）涂布梯度平板的菌悬液只做适度稀释,菌浓度不必过低。

（3）从梯度平板上挑取菌落时,要挑取单菌落。

五、实验报告

（1）将苯酚耐受菌株的初筛结果填入表31-1中。

表31-1　苯酚耐受菌株的初筛结果记录

平板编号	1	2	3	4	5	6	7	8
药物浓度/(g/L)	0~0.1	0~0.1	0~0.1	0~0.1	0~0.1	0~0.1	0~0.1	0~0.1
高药区单菌落数								

（2）将以苯酚为唯一碳源的菌株的筛选结果(OD值)填入表31-2中。

表31-2　以苯酚为唯一碳源的菌株的筛选结果记录

药物浓度/(g/L)		0.2	0.4	0.6	0.8	1.0	1.2
菌种编号	1						
	2						
	3						
	4						
	5						

（3）将高耐受性苯酚生物降解菌的筛选结果（菌落数）填入表 31-3 中。

表 31-3　高耐受性苯酚生物降解菌的筛选结果记录

药物浓度/(g/L)		0.2	0.4	0.6	0.8	1.0	1.2
菌种号	1						
	2						
	3						
	4						
	5						

六、思考题

习题解答

在苯酚浓度梯度培养基平板高含药区上分离出的菌落一定是苯酚生物降解菌吗？

实验三十二

水中细菌总数的测定

一、目的要求

(1) 学习水样的采集方法和水样细菌总数的测定方法。

(2) 了解培养基平板菌落计数原则。

二、实验原理

本实验采用平板计数技术测定水样中细菌总数。细菌总数是判定被检水样污染程度的主要标志。在水质卫生学检验中,细菌总数是指 1mL 水样在牛肉膏蛋白胨培养基中,置 37℃经 24h 培养后所生长的细菌菌落的总数。我国生活饮用水标准中规定在 1mL 生活饮用水中的细菌总数不得超过 100 个。

三、实验材料

1. 培养基和试剂

牛肉膏蛋白胨培养基、无菌水等。

2. 仪器和其他用具

冰箱、放大镜或菌落计数器、灭菌三角烧瓶、无菌的带玻璃塞瓶、灭菌培养皿、灭菌吸管、灭菌试管等。

四、实验内容

1. 水样的采集

供细菌学检验用的水样必须按无菌操作的基本要求采样,并保证在运送、贮存过程中不受污染。为了能正确反映水质在采样时的真实情况,水样在采集后应立即送检,一般从取样到检验不应超过 4h。当条件不允许立即检验时,应将水样存于冰箱,但也不应超过 24h,并应在检验报告单上注明。

(1) 自来水:先将自来水龙头用火焰烧灼 3min 灭菌,再开放水龙头使水流 5min 后,用灭菌三角烧瓶接取水样,以待分析。

（2）池水、河水或湖水：应取距水面 10～15cm 的深层水样，先将无菌的带玻璃塞瓶瓶口向下浸入水中，然后翻转过来，除去玻璃塞，水即流入瓶中。盛满后，将瓶塞盖好再从水中取出。取出后最好立即检查，否则需放入冰箱中保存。

2. 细菌总数测定

（1）自来水：①用灭菌吸管吸取 1mL 水样，注入灭菌培养皿中，共做三个培养皿；②分别倾注约 15mL 已熔化并冷却到 45℃ 左右的牛肉膏蛋白胨培养基，并立即在桌上做平面旋摇，使水样与培养基充分混匀；③另取三个空的灭菌培养皿，倾注 15mL 牛肉膏蛋白胨培养基作空白对照；④培养基凝固后，倒置于 37℃ 温箱中，培养 24h，进行菌落计数。三个平板的平均菌落数即为 1mL 水样的细菌总数。

（2）池水、河水或湖水的处理方式如下。

① 稀释水样：取三个灭菌空试管，分别加入 9mL 灭菌水。取 1mL 水样注入第一管 9mL 灭菌水内，摇匀，再从第一管取 1mL 至下一管灭菌水内，如此稀释到第三管，稀释度将分别为 10^{-1}、10^{-2} 与 10^{-3}。具体稀释倍数应看水样污浊程度而定，以培养后平板的菌落数在 30～300 个范围内的稀释度最为合适，若三个稀释度的菌落数均多到无法计数或少到无法计数，则需继续稀释或减小稀释倍数。一般中等污秽水样，取 10^{-1}、10^{-2} 与 10^{-3} 三个连续稀释度，而污秽严重的则应取 10^{-2}、10^{-3}、10^{-4} 三个连续稀释度。

② 自最后三个稀释度的试管中各取 1mL 稀释水样加入空的灭菌培养皿中，每个稀释度做三个培养皿。

③ 各倾注 15mL 已熔化并冷却至 45℃ 左右的牛肉膏蛋白胨培养基，立即放在桌上摇匀。

④ 凝固后倒置于 37℃ 培养箱中培养 24h。

3. 菌落计数方法

（1）先计算相同稀释度的平均菌落数。若其中一个培养皿有较大片状菌苔生长则其不应被采用，而应以无片状菌苔生长的培养皿来计算该稀释度的平均菌落数。若片状菌苔的大小不到培养皿的一半，而其余的一半菌落分布又很均匀，则可将此一半的菌落数乘 2 以代表全培养皿的菌落数，然后再计算该稀释度的平均菌落数。

（2）首先选择平均菌落数在 30～300 范围内的样本，当只有一个稀释度的平均菌落数符合此范围时，则以该平均菌落数乘其稀释倍数即为该水样的细菌总数。

（3）若有两个稀释度的平均菌落数均在 30～300 范围内，则应按两者菌落总数之比值来决定平均菌落数。若其比值小于 2，应采取两者的平均数；若大于或等于 2，则应取其中较小的菌落总数。

（4）若所有稀释度的平均菌落数均大于 300，则应取稀释度最高的平均菌落数乘以稀释倍数。

（5）若所有稀释度的平均菌落数均小于 30，则应取稀释度最低的平均菌落数乘以稀释倍数。

（6）若所有稀释度的平均菌落数均不在 30～300 范围内，则以最接近 300 或 30 的平均菌落数乘以稀释倍数。

几种情况举例见表 32-1。

表 32-1　计算菌落总数的方法举例

例次	不同稀释度的平均菌落数			菌落总数/(CFU/mL)	报告填写方式/(CFU/mL)	备　注
	10^{-1}	10^{-2}	10^{-3}			
1	1365	164	20	16 400	16 400 或 1.6×10^4	科学计数法仅保留两位有效数字，两位以后的数字采取四舍五入
2	2760	295	46	37 700	37 750 或 3.8×10^4	
3	2890	271	60	27 100	27 100 或 2.7×10^4	
4	无法计数	1650	513	513 000	513 000 或 5.1×10^5	
5	27	11	5	270	270 或 2.7×10^2	
6	无法计数	305	12	30 500	30 500 或 3.1×10^4	

五、实验报告

（1）将自来水测定结果填入表 32-2 中。

表 32-2　自来水测定结果记录

平　板	菌落数/CFU	1mL 自来水中细菌总数/CFU
1		
2		
3		

（2）将池水、河水或湖水的测定结果填入表 32-3 中。

表 32-3　池水、河水或湖水测定结果记录

稀　释　度	10^{-1}			10^{-2}			10^{-3}		
平板	1	2	3	1	2	3	1	2	3
菌落数									
平均菌落数									
计算方法									
细菌总数/(CFU/mL)									

六、思考题

（1）从自来水的细菌总数结果来看，其是否合乎饮用水的标准？

（2）国家对自来水的细菌总数有统一标准，那么各地能否自行设计测定条件（如培养温度、培养时间等）来测定水样细菌总数呢？为什么？

习题解答

实验三十三

多管发酵法测定水中大肠菌群

一、目的要求

(1) 学习测定水中大肠菌群数量的多管发酵法。

(2) 了解大肠菌群数量在饮水中的重要性。

二、实验原理

大肠菌群是评价水质好坏的一个重要卫生指标,也是反映水体是否被生活污水污染的一项重要监测项目。

大肠菌群是一群以大肠杆菌(*Escherichia coli*)为主的需氧及兼性厌氧的革兰氏阴性无芽孢杆菌,在37℃生长时,能在48h内发酵乳糖并产酸、产气,主要由肠杆菌科中四个属内的细菌组成,即埃希氏杆菌属、柠檬酸杆菌属、克雷伯氏菌属和肠杆菌属。

水的大肠菌群数是指100mL水样内含有的大肠菌群实际数值,以大肠菌群最近似数(MPN)表示。在正常情况下,人类及畜类肠道中主要有大肠菌群、粪链球菌和厌氧芽孢杆菌等多种细菌,这些细菌都可以随人畜排泄物进入水源。由于大肠菌群在肠道内数量多,所以,水源中大肠菌群的数量是能直接反映水源被人畜排泄物污染的一项重要指标。目前,国际上已公认大肠菌群是粪便污染的指标,因而饮用水必须进行大肠菌群的检查。

我国生活饮用水卫生标准中规定1L水样中总大肠菌群数不得超过3个。

常用的水中大肠菌群的检测方法是多管发酵法和滤膜法,而滤膜法仅适用于自来水和深井水,操作简单、快速,但不适用于杂质较多、易于堵塞滤孔的水样。多管发酵法操作烦琐,需要的时间也较长,但适用于各种水样的检验,被我国大多数环保、卫生和水厂等单位采用,多管发酵法包括:初发酵试验、平板分离和复发酵试验(见图33-1)。

三、实验材料

1. 培养基和试剂

三倍浓缩乳糖蛋白胨发酵烧瓶(三角烧瓶)(内有倒置小套管)、乳糖蛋白胨发酵管(内有倒置小套管)、三倍浓缩乳糖蛋白胨发酵管(内有倒置小套管)、伊红美蓝琼脂平板、无菌水、革兰氏染液、香柏油、二甲苯等。

三倍浓缩乳糖
蛋白胨培养液各50mL　　　三倍浓缩乳糖蛋白胨培养液各5mL

水样

100mL　100mL　10mL　10mL　10mL　10mL　10mL　初发酵试验

37℃培养

24h内产气　　48h内产气　　48h内不产气

阳性　　可疑　　阴性

伊红美蓝
平板上划线

37℃培养
18～24h

有核心和带金属
光泽的深紫
色菌落

阳性　　阴性　　平板分离

涂片、革兰氏染色、镜检

乳糖蛋白
胨发酵管

37℃培养24h　复发酵(证实)试验

阳性　　　　　　　阴性
乳糖发酵管产气　　乳糖发酵管不产气
革兰氏阴性菌

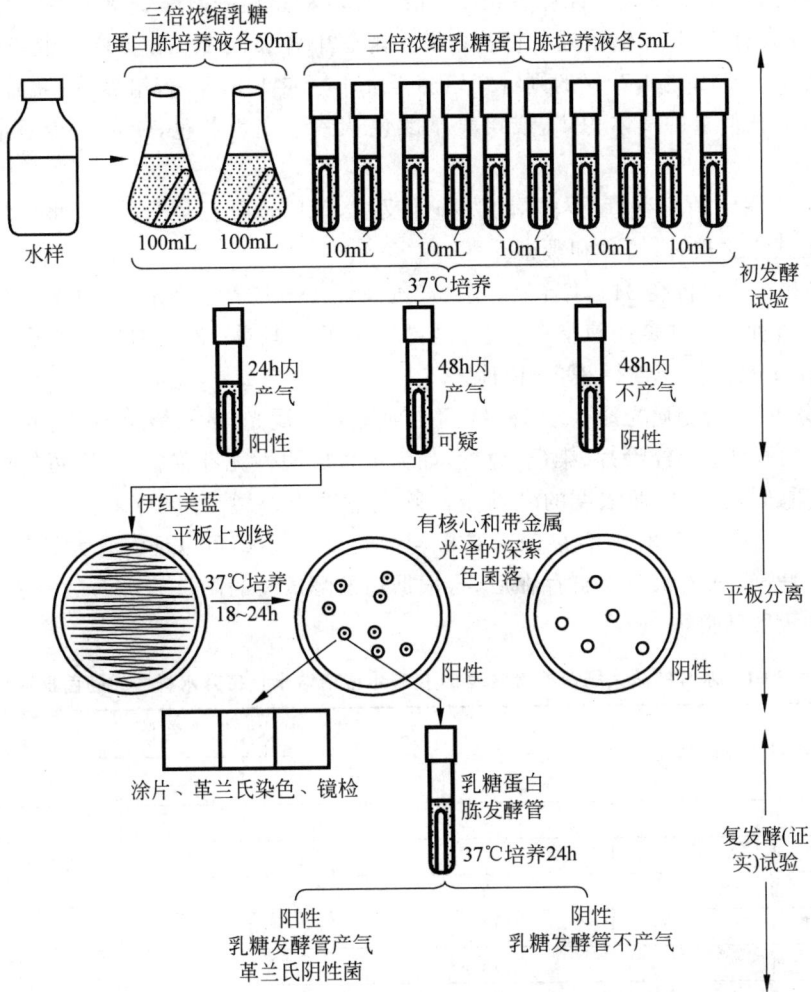

图 33-1　多管发酵法测定水中大肠菌群的操作步骤

2. 仪器和其他用具

显微镜、载玻片、擦镜纸、吸水纸、灭菌三角烧瓶、灭菌培养皿、灭菌吸管、灭菌试管、接种环等。

四、实验内容

1. 自来水检测

（1）水样的采集：供细菌学检验用的水样必须按无菌操作的基本要求采集，并保证在运送、贮存过程中不受污染。水样从采集到检验不应超过 4h，在 0～4℃下保存不应超过 24h，如不能在 4h 内分析，则应在检验报告上注明保存时间和条件。自来水取样应在水龙头打开放水 5min 后再用无菌容器接取水样，等待分析。如水样内含有余氯，则采样瓶灭菌后还应按每 500mL 水样加 3% $Na_2S_2O_3 \cdot 5H_2O$ 溶液 1mL。

（2）初发酵试验：在2个含有50mL三倍浓缩乳糖蛋白胨发酵烧瓶中各加入100mL水样。在10支含有5mL三倍浓缩乳糖蛋白胨发酵管中各加入10mL水样。混匀后，于37℃条件下培养24h，24h内未产气的则继续培养至48h。在48h内，若培养管（瓶）内倒置的德汉氏小管内有任何量的气体积累，或培养基颜色从紫色变为黄色，便可初步断定水样为阳性反应。

若实验所测定的所有管中样本均为阳性反应，说明水样污染严重，可将样品进一步稀释后再按上述方法接种、培养和观察。

（3）平板分离：将经24h培养后产酸、产气及经48h培养后产酸、产气的发酵管（瓶）液体分别划线接种于伊红美蓝琼脂平板上，再置于37℃下培养18～24h，将符合下列特征的菌落的一小部分涂片、革兰氏染色、镜检。

① 深紫黑色、有金属光泽；② 紫黑色、不带或略带金属光泽；③ 淡紫红色、中心颜色较深。

（4）复发酵试验：经涂片、染色、镜检，如为革兰氏阴性无芽孢杆菌，则可挑取该菌落的另一部分，重新接种于普通浓度的乳糖蛋白胨发酵管中，每管可接种来自同一初发酵管的同类型菌落1～3个，于37℃培养24h，结果若产酸又产气，即可以证实有大肠菌群存在。

（5）查表：证实有大肠菌群存在后，再根据初发酵试验的阳性管（瓶）数查表33-1，即得每升水样中大肠菌群数。

表 33-1　水样的总大肠菌群检索表 1（自来水或清洁水）（每升水样中大肠菌群数）

10mL 水量阳性管数	100mL 水量阳性管数		
	0	1	2
0	<3	4	11
1	3	8	18
2	7	13	27
3	11	18	38
4	14	24	52
5	18	30	70
6	22	36	92
7	27	43	120
8	31	51	161
9	36	60	230
10	40	69	>230

注：接种水样总量为300mL，其中2份100mL、10份10mL水样。

2. 池水、河水或湖水等的检测

（1）水样的采集：从江、河、湖、池自然水体取样时可用采样器，采样瓶应先灭菌。采样后，瓶内应留有空隙。如果与其他化验项目联合取样，则细菌学分析水样应采自其他样品之前。

（2）水样的稀释：水样的稀释度和接种水样的总量取决于水清洁或污染的程度。

① 清洁水：不稀释，接种水样总量为300mL，其中2份100mL水样，10份10mL水样，操作同前面自来水的检测，结果查表33-1。

② 水轻度污染：稀释成 10^{-1} 浓度，接种水样总量为 111.1mL，其中 100mL、10mL、1mL、0.1mL 各 1 份。

③ 水中度污染：稀释成 10^{-1}、10^{-2} 两种浓度,接种水样总量 11.11mL,其中 10mL、1mL、0.1mL、0.01mL 各 1 份。

④ 水重度污染：稀释成 10^{-1}、10^{-2}、10^{-3} 三种浓度,接种水样总量 1.111mL,其中 1mL、0.1mL、0.01mL、0.001mL 各 1 份。

(3) 初发酵试验的处理方式如下。

① 水轻度污染：吸取 1mL10^{-1} 浓度的稀释水样和 1mL 原水样,分别加入装有 10mL 普通浓度乳糖蛋白胨的发酵管中。另取 10mL 和 100mL 原水样,分别注入装有 5mL 和 50mL 三倍浓缩乳糖蛋白胨发酵液的试管(瓶)中。混匀后,于 37℃ 培养 24h,24h 未产气的样本则继续培养至 48h。

② 水中度污染：分别吸取 1mL10^{-2}、10^{-1} 两种浓度的稀释水样和 1mL 原水样,各加入到装有 10mL 普通浓度乳糖蛋白胨的发酵管中。另取 10mL 原水样,注入装有 5mL 三倍浓缩乳糖蛋白胨发酵液的试管(瓶)中。混匀后,于 37℃ 培养 24h,24h 未产气的样本则继续培养至 48h。

③ 水重度污染：分别吸取 1mL10^{-3}、10^{-2}、10^{-1} 三种浓度的稀释水样和 1mL 原水样,各加入到装有 10mL 普通浓度乳糖蛋白胨的发酵管中。混匀后,于 37℃ 培养 24h,24h 未产气的样本则继续培养至 48h。

以上各发酵管(瓶)在 48h 之内,培养管内倒置的德汉氏小管内若有任何量的气体积累,或培养基颜色从紫色变为黄色,便可初步断定为阳性反应。

(4) 平板分离：经 24h 培养后,将产酸、产气及 48h 产酸、产气的发酵管(瓶)液体分别划线接种于伊红美蓝琼脂平板上,再置于 37℃ 下培养 18～24h。将符合下列特征的菌落的一小部分涂片,革兰氏染色,镜检。(同自来水检测)

①深紫黑色、有金属光泽;②紫黑色、不带或略带金属光泽;③淡紫红色、中心颜色较深。

(5) 复发酵试验：经涂片、染色、镜检,如为革兰氏阴性无芽孢杆菌,则挑取该菌落的另一部分重新接种于普通浓度的乳糖蛋白胨发酵管中,每管可接种来自同一初发酵管的同类型菌落 1～3 个,于 37℃ 培养 24h,结果若产酸又产气,即证实有大肠菌群存在。(同自来水检测)

(6) 查表：证实有大肠菌群存在后,再根据初发酵试验的阳性管(瓶)数查表,得出大肠菌群数。

① 水轻度污染：接种水样总量为 111.1mL(100mL、10mL、1mL、0.1mL 浓度样本各 1 份),4 个发酵管(瓶)结果查表 33-2。

表 33-2　水样的总大肠菌群检索表 2(轻度污染)

接种水样量/mL				每升水样中大肠菌群数
100	10	1	0.1	
−	−	−	−	<9
−	−	−	+	9
−	−	+	−	9
−	+	−	−	9.5

接种水样量/mL				每升水样中
100	10	1	0.1	大肠菌群数
－	－	＋	＋	18
－	＋	－	＋	19
－	＋	＋	－	22
＋	－	－	－	23
－	＋	＋	＋	28
＋	－	－	＋	92
＋	－	＋	－	94
＋	－	＋	＋	180
＋	＋	－	－	230
＋	＋	－	＋	960
＋	＋	＋	－	2380
＋	＋	＋	＋	＞2380

注：接种水样总量为 111.1mL,其中 100mL、10mL、1mL、0.1mL 浓度样本各 1 份。

"＋"表示大肠菌群发酵阳性,"－"表示大肠菌群发酵阴性。

② 水中度污染：接种水样总量为 11.11mL(10mL、1mL、0.1mL、0.01mL 浓度样本各 1 份),4 个发酵管结果查表 33-3。

表 33-3　水样的总大肠菌群检索表 3(中度污染)

接种水样量/mL				每升水样中
10	1	0.1	0.01	大肠菌群数
－	－	－	－	＜90
－	－	－	＋	90
－	－	＋	－	90
－	＋	－	－	95
－	－	＋	＋	180
－	＋	－	＋	190
－	＋	＋	－	220
＋	－	－	－	230
－	＋	＋	＋	280
＋	－	－	＋	920
＋	－	＋	－	940
＋	－	＋	＋	1800
＋	＋	－	－	2300
＋	＋	－	＋	9600
＋	＋	＋	－	23 800
＋	＋	＋	＋	＞23 800

注：接种水样总量为 11.11mL,其中 10mL、1mL、0.1mL、0.01mL 浓度样本各 1 份。

"＋"表示大肠菌群发酵阳性,"－"表示大肠菌群发酵阴性。

③ 水重度污染：接种水样总量为 1.111mL（1mL、0.1mL、0.01mL、0.001mL 各 1 份）4 个发酵管结果查表 33-4。

表 33-4　水样的总大肠菌群检索表 4（重度污染）

接种水样量/mL				每升水样中大肠菌群数
1	0.1	0.01	0.001	
−	−	−	−	＜900
−	−	−	＋	900
−	−	＋	−	900
−	＋	−	−	950
−	−	＋	＋	1800
−	＋	−	＋	1900
−	＋	＋	−	2200
＋	−	−	−	2300
−	＋	＋	＋	2800
＋	−	−	＋	9200
＋	−	＋	−	9400
＋	−	＋	＋	18 000
＋	＋	−	−	23 000
＋	＋	−	＋	96 000
＋	＋	＋	−	238 000
＋	＋	＋	＋	＞238 000

注：接种水样总量为 1.111mL，其中 1mL、0.1mL、0.01mL、0.001mL 浓度样本各 1 份。
"＋"表示大肠菌群发酵阳性，"−"表示大肠菌群发酵阴性。

五、实验报告

（1）自来水 100mL 水样的阳性管数是多少？10mL 水样的阳性管数是多少？查表 33-1 得每升水样中大肠菌群数是多少？

（2）池水、河水或湖水等的阳性结果记"＋"，阴性结果记"−"，查表得每升水样中大肠菌群数是多少？

六、思考题

（1）大肠菌群的定义是什么？

（2）假如水中有大量的致病菌——霍乱弧菌,用多管发酵技术检查大肠菌群能否得到阴性结果？为什么？

（3）伊红美蓝培养基含有哪几种主要成分？在检查大肠菌群时，这些成分各起什么作用？

习题解答

实验三十四

噬菌体的分离和纯化

一、目的要求

（1）掌握用双层琼脂平板法分离、纯化大肠杆菌噬菌体的一般原理和方法。
（2）观察噬菌斑。

二、实验原理

噬菌体是一类只能在电子显微镜下被观察到的超显微非细胞类生物，是一类寄生于原核生物（如细菌和放线菌等）细胞内的病毒。噬菌体广泛地存在于自然界中，凡是有寄主存在的地方，一般都能找到相应的噬菌体，粪便和阴沟污水等常是各种肠道细菌（尤其是大肠杆菌）的栖息地，从中能分离到相应的噬菌体。

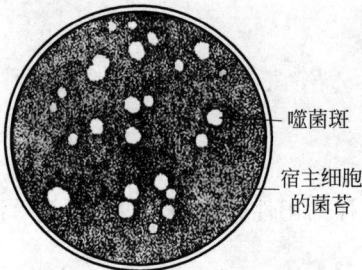

图 34-1　琼脂平板上的噬菌斑

噬菌体的分离、纯化和效价测定常用双层琼脂平板法，即在含有寄主（敏感菌）细胞的平板上，噬菌体会通过吸附和侵入在寄主细胞内不断增殖，最终导致寄主裂解，且在菌苔上形成一个个肉眼可见的无菌空斑，被称为噬菌斑（见图 34-1）。将待测的噬菌体液适当稀释后，用双层平板法测定，从平板上计得噬菌斑数乘以稀释倍数即可换算出原液中噬菌体的效价，并达到分离和纯化噬菌体的目的。

三、实验材料

1. 菌种

大肠杆菌（$E.coli$）、噬菌体（样品来自阴沟或化粪池污水）。

2. 培养基和试剂

牛肉膏蛋白胨培养液、3×牛肉膏蛋白胨培养液、牛肉膏蛋白胨培养基、琼脂半固体培养基（含 0.6%琼脂，试管分装，每管 4mL）、无菌水等。

3. 仪器和其他用具

细菌滤器、抽滤装置、水浴锅、吸管、玻璃涂棒、接种环等。

四、实验内容

1. 噬菌体的分离

(1) 制备菌悬液。取大肠杆菌斜面一支,加 4mL 无菌水洗下菌苔,制成菌悬液。

(2) 增殖培养。在装有 100mL 3×牛肉膏蛋白胨培养液的三角烧瓶中加入 200mL 污水样品与 2mL 大肠杆菌悬液,于 37℃ 培养 12~24h。

(3) 制备裂解液。将以上混合培养液以 2500r/min 离心 15min。

将已灭菌的蔡氏过滤器(或其他细菌滤器)用无菌操作安装于灭菌抽滤瓶上,用橡皮管连接抽滤瓶与安全瓶,安全瓶再与真空泵连接(见图 34-2)。将离心上清液倒入滤器,开动真空泵过滤除菌。所得滤液倒入灭菌三角烧瓶内,于 37℃ 培养过夜,以作无菌检查。

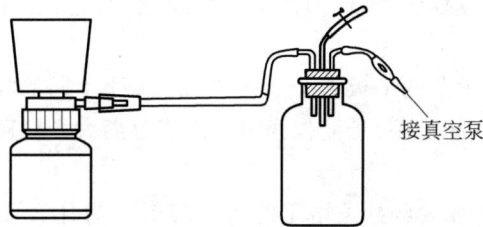

图 34-2　过滤装置

接真空泵

(4) 确证实验。经无菌检查没有细菌生长的滤液可通过进一步实验证实噬菌体的存在。

① 于牛肉膏蛋白胨平板上加一滴大肠杆菌悬液,再用无菌的玻璃涂棒将其涂布成均匀的一薄层。

② 待平板菌液干后,分散滴加数小滴滤液于平板菌层上,置于 37℃ 培养过夜。如果在滴加滤液处形成无菌生长的透明噬菌斑,便可以证明滤液中有大肠杆菌噬菌体。

注意事项

液体抽滤完毕后应打开安全瓶的放气阀增压后再停真空泵,否则滤液将回流,造成真空泵污染。

2. 噬菌体的纯化

(1) 如已证明确有噬菌体存在,则用接种环取一环滤液接种于牛肉膏蛋白胨培养液内,再加入 0.1mL 大肠杆菌悬液,充分混匀。

(2) 取琼脂半固体培养基,熔化并冷却至 48℃(可预先熔化、冷却,放 48℃ 水浴箱内备用),加入 0.2mL 噬菌体与细菌的混合液,立即混匀。

(3) 将上述混合物(半固体琼脂、细菌、噬菌体)倒入底层培养基上,铺匀。置于 37℃ 培养 24h。

(4) 此时长出的单个噬菌斑形态、大小常不一致,再用接种针在单个噬菌斑中刺一下,小心采取噬菌体,接入含有大肠杆菌的液体培养基内,于 37℃ 培养至管内菌液完全溶解后过滤除菌,即得到纯化的噬菌体。

3. 高效价噬菌体的制备

刚分离纯化所得到的噬菌体往往效价不高,需要进行增殖。将纯化后的噬菌体滤液与液体培养基按 1∶10 的比例混合,再加入适量大肠杆菌悬液(可与噬菌体滤液等量或为 1/2 的量)培养,使之增殖,如此重复移种数次,最后过滤,可得到高效价的噬菌体制品。

五、实验报告

绘图表示平板上出现的噬菌斑。

六、思考题

(1) 在噬菌体的分离过程中,试样为何需经增殖这一步?这种增殖与其他微生物的富集培养有何区别?

(2) 为什么在同一敏感菌的平板上会出现形态和大小不同的噬菌斑?

(3) 能否用伤寒杆菌(肠道菌)悬液作为宿主细胞分离大肠杆菌(肠道菌)的噬菌体?为什么?

习题解答

(4) 加大肠杆菌增殖的污水裂解液为什么要过滤除菌?若不过滤将会出现什么实验结果,为什么?

(5) 某生产抗生素的工厂在发酵生产卡那霉素时发现生产不正常,主要表现为:发酵液变稀、菌丝自溶、氨态氮上升,你认为可能的原因是什么?如何证实你的判断?

乳酸发酵与乳酸菌饮料

一、目的要求

（1）学习乳酸发酵和制作乳酸菌饮料的方法。
（2）了解乳酸菌的生长特性。

二、实验原理

许多种类的微生物（主要是细菌）在厌氧条件下分解己糖产生乳酸的过程被称为乳酸发酵；而能利用可发酵糖产生乳酸的细菌被称为乳酸菌。乳酸菌多是兼性厌氧菌，在厌氧条件下经过糖酵解途径发酵己糖生产乳酸。生活中的酸乳中常见的乳酸菌有保加利亚乳杆菌（*Lactobacillus bulgaricus*）和嗜热链球菌（*Streptococcus thermophilus*）等。酸乳是一种常见的乳酸菌饮料，它是以牛乳为主要原料，加入一定的糖类、接入一定量的乳酸菌，经过发酵后制成的饮料。本次实验的目的是学习乳酸发酵和制作乳酸菌饮料的方法，了解乳酸菌的生长特性。

三、实验材料

1. 菌种

嗜热链球菌（*Streptococcus thermophilus*）、保加利亚乳杆菌（*Lactobacillus bulgaricus*），乳酸菌种也可以从市场销售的各种新鲜酸乳或乳酸菌饮料中分离。

2. 培养基和试剂

（1）BCG 牛乳培养基：①溶液：脱脂乳粉 100g，水 500mL，加入 1mL 1.6％溴甲酚绿（BCG）乙醇溶液，于 80℃灭菌 20min。②溶液：酵母膏 10g，水 500mL，琼脂 20g，pH6.8，于 121℃灭菌 20min。以无菌操作趁热将①②溶液混合均匀后倒平板。

（2）乳酸菌培养液：牛肉膏 5g、酵母膏 5g、蛋白胨 10g、葡萄糖 10g、乳糖 5g、NaCl 5g、水 1000mL，pH6.8，于 121℃灭菌 20min。

（3）脱脂乳试管：直接选用脱脂乳液或按脱脂乳粉与 5％蔗糖水以质量比 1∶10 的比例配制，装量以试管的 1/3 为宜，于 115℃灭菌 15min。

（4）试剂：脱脂乳粉、鲜牛奶、蔗糖、碳酸钙等。

3. 仪器和其他用具

恒温水浴锅、酸度计、高压蒸汽灭菌锅、酸乳瓶(200～280mL)、培养皿、试管、玻璃涂棒、250mL 三角烧瓶等。

四、实验内容

1. 乳酸菌的分离和发酵

(1) 乳酸菌的分离纯化。

① 分离:取市售新鲜酸乳或泡制酸菜的酸液稀释至 10^{-5},取其中 10^{-4}、10^{-5} 两个稀释度的稀释液各 0.1mL,分别涂布于 BCG 牛乳培养基平板上;或者直接用接种环蘸取酸乳或酸菜原液平板划线分离,置于 40℃培养 48h,如出现圆形、稍扁平的黄色菌落,且其周围培养基变为黄色则可初步鉴定为乳酸菌。

② 鉴别:从典型乳酸菌菌落中挑菌转接于脱脂乳试管中,于 40℃培养 8～24h。若牛乳出现凝固、无气泡、呈酸性,涂片镜检细胞呈杆状或链球状,革兰氏染色呈阳性,则可将该菌株连续传代 4～6 次,最终选择出在 3～6h 能凝固的脱脂乳试管作菌种待用。

(2) 乳酸发酵及检测。

① 发酵:以无菌操作将分离的 1 株乳酸菌接种于装有 300mL 乳酸菌培养液的 500mL 三角烧瓶中,于 40～42℃静止培养。

② 检测:为了方便测定乳酸发酵情况,实验应分为两组。一组在接种培养后,每 6～8h 取样分析,测定 pH 值;另一组在接种培养 24h 后每瓶加入 3g $CaCO_3$(以防止发酵液过酸使菌种死亡),每 6～8h 取样测定乳酸含量,记录测定结果。

乳酸检测方法

2. 乳酸菌饮料的制作

(1) 将脱脂乳和水以 1:(7～10)(质量比)的比例,同时加入 5%～6%蔗糖充分混合,于 80～85℃灭菌 5～10min,然后冷却至 35～40℃,作为制作饮料的培养基。

(2) 将纯种嗜热链球菌、保加利亚乳杆菌及两种菌的等量混合菌液作为发酵剂(亦可以市售鲜酸乳作为发酵剂),均以 2%～5%的接种量分别接入上述培养基中即制成了饮料发酵液。接种后摇匀,分装到已灭菌的酸乳瓶中,将每一种菌的饮料发酵液重复分装 3～5 瓶,随后将瓶盖拧紧密封。

(3) 把接种后的酸乳瓶置于 40～42℃恒温箱中培养 3～4h。培养时应注意观察,在出现凝乳后停止培养,然后转入 4～5℃的低温下冷藏 24h 以上。经此后熟阶段,使酸乳酸度适中(pH 4～4.5)、凝块均匀致密、无乳清析出、无气泡,能有较好的口感和风味。

(4) 以品尝为标准评定酸乳质量。采用乳酸球菌和乳酸杆菌等量混合发酵的酸乳与单菌株发酵的酸乳相比较,前者的香味和口感更佳。品尝时若出现异味则表明酸乳污染了杂菌。

注意事项

(1) 采用 BCG 牛乳培养基平板筛选乳酸菌时,应注意挑取有典型特征的黄色菌落,结合镜检观察,以高效分离筛选乳酸菌。

（2）制作乳酸菌饮料应选用优良的乳酸菌,采用乳酸球菌与乳酸杆菌等量混合发酵以使其具有独特风味和良好口感。

（3）牛乳的消毒应掌握适宜的温度和时间,防止采用长时间、过高温度消毒而破坏酸乳风味。

（4）产物还应按照国家卫生健康委规定进行多项检测,包括大肠菌群检测、霉菌检测和酵母菌检测等。经品尝和检验,合格的酸乳应在 4℃ 条件下冷藏,可保存 6～7d。

五、实验报告

将不同乳酸菌发酵的酸乳品评结果填入表 35-1。

表 35-1　乳酸菌单菌及混合菌发酵的酸乳品评结果

乳酸菌种类	品评项目					结　　论
	凝乳情况	口感	香味	异味	pH 值	
嗜热链球菌						
保加利亚乳杆菌						
球菌杆菌混合(1∶1)						

六、思考题

（1）发酵酸乳为什么能引起凝乳?

（2）为什么采用乳酸菌混合发酵的酸乳比单菌发酵的酸乳口感和风味更佳?

习题解答

实验三十六

乙醇发酵及糯米甜酒的酿制

一、目的要求

学习和掌握酵母菌发酵糖产生乙醇(酒精)和酒曲发酵糯米酿制糯米甜酒的方法。

二、实验原理

在无氧条件下,酵母菌利用己糖发酵生成乙醇和 CO_2 的作用被称为乙醇(酒精)发酵,目前乙醇发酵所采用的微生物主要是酵母菌。

甜酒酿简称酒酿,是我国民间广泛食用的一种高糖、低酒精含量的发酵食品,由优质大米、糯米经酒曲中的根霉和酵母菌的糖化和发酵制成。甜酒酿的制作原理十分简单:根霉的孢子在米饭基质上萌发成菌丝,菌丝通过顶端生长延伸,并多次复分支形成大量菌丝体,期间分泌几种淀粉酶将基质中的淀粉水解为葡萄糖(这就是糖化阶段);接着,再由根霉和多种酵母菌继续将其中一部分葡萄糖转化为乙醇(此即酒精发酵阶段)。一般优质的甜酒酿甜味浓郁、酒味清淡、香味宜人、固液分明。

三、实验材料

1. 菌种

培养的酿酒酵母(*Saccharomyces cerevisiae*)斜面菌种。

2. 培养基和试剂

(1) 酒精发酵培养基:10g 蔗糖、0.5g $MgSO_4 \cdot 7H_2O$、0.5g NH_4NO_3、2mL 20%豆芽汁、0.5g KH_2PO_4、100mL 水,自然 pH,于 121℃灭菌 20min。

(2) 试剂:甜酒曲、蒸馏水、无菌水、糯米等。

3. 仪器和其他用具

铝锅、电炉、三角烧瓶、牛皮纸、棉绳、蒸馏装置、水浴锅、振荡器、酒精计等。

四、实验内容

1. 酵母菌的酒精发酵

(1) 制备培养基。将配制好的酒精发酵培养基分装入 250mL 三角烧瓶中,每瓶装

100mL,121℃湿热灭菌 20～30min。

（2）接种和培养。于培养 24h 的酿酒酵母斜面中加入 5mL 无菌水制成菌悬液。分别吸取 1mL,接种于 2 瓶酒精发酵培养基中,将其中 1 瓶置于 30℃恒温静止培养,另 1 瓶置于 30℃恒温振荡培养。

（3）酵母菌细胞计数。每隔 24h 取样,经 10 倍系列稀释后进行细胞计数(方法参见实验十一)。

（4）酒精蒸馏及酒精度的测定。取 60mL 已发酵培养 3d 的发酵液加至蒸馏装置的圆底烧瓶中,在水浴锅中以 85～95℃蒸馏。当开始流出液体时,准确收集 40mL 于量筒中,用酒精计测量酒精度。

（5）品尝。取少量一定浓度(30～40 度)的酒品尝,体会口感。

2. 糯米甜酒的酿制

（1）甜酒培养基制作。称取一定量优质糯米(糙糯米更好),用水淘洗干净后,加水量为米水比 1∶1,加热煮熟成饭(或将糯米洗净后用水浸透,沥干水后加热蒸熟成饭),即为甜酒培养基。

（2）接种。将上述煮熟或蒸熟的糯米冷却至 35℃以下,加入适量的甜酒曲(用量按产品说明书)并喷洒一些清水拌匀,然后装入干净的三角烧瓶中(或其他干净的容器中)。装饭量为容器的 1/3～2/3,中央挖洞,使米饭成"倒喇叭"形的凹圆窝,饭面上再撒一些酒曲,塞上棉塞(或盖好盖子,扎好袋口),置于 25～30℃下培养发酵。

（3）培养发酵。发酵 2d 便可闻到酒香味,开始渗出清液;3～4d 渗出液越来越多,此时,把洞填平,让其继续发酵。

（4）产品处理。培养发酵至 7d,取出发酵产物,把酒糟滤去,汁液即为糯米甜酒原液。加入一定量的水,加热煮沸便是糯米甜酒,即可品尝。

注意事项

酿制糯米甜酒时糯米饭一定要煮熟煮透,不能太硬或夹生;米饭一定要凉透至 35℃以下才能拌酒曲,否则会影响正常发酵。

五、实验报告

（1）记录酵母酒精发酵过程,比较两种培养方法结果的不同并解释其原因。
（2）记录糯米制作糯米甜酒的发酵过程,以及糯米甜酒的外观、色、香、味和口感。

六、思考题

（1）为什么糯米饭温度要降至 35℃以下拌酒曲,发酵才能正常进行?
（2）糯米饭一开始发酵时要挖个洞,后来又要填平,这有什么作用?

习题解答

实验三十七

泡菜发酵及亚硝酸含量的测定

一、目的要求

（1）了解泡菜发酵的原理和方法，学习制作泡菜。

（2）掌握盐酸萘乙二胺法测定食品中亚硝酸盐的原理和操作步骤。

二、实验原理

微生物在厌氧条件下利用己糖发酵积累乳酸的过程被称为乳酸发酵。能引起乳酸发酵的微生物种类很多，主要是细菌。常见的乳酸发酵细菌有乳酸链球菌（*Streptococcus lactius*）和乳酸杆菌（*Lactobacillus*）等。乳酸菌发酵生成的乳酸能提供特殊的风味、降低pH值以抑制一些腐败细菌的生长活动，所以利用乳酸可以发酵制作泡菜。

乳酸菌是厌氧性微生物，因此维持厌氧状态是保证乳酸发酵的必要条件，也是增大同型乳酸发酵比例、提高产品质量的重要保证。

泡菜制作过程主要是乳酸菌和其他有益菌在起作用，但还有大量其他细菌和微生物发挥作用，一些微生物还能把蔬菜中的含氮化合物还原成亚硝酸盐。一般泡制24～72h的泡菜中亚硝酸盐的含量将达到高峰，因此泡菜最好腌透了再吃，泡制4周后食用最佳。

测定亚硝酸盐含量的原理：在盐酸酸化的条件下，亚硝酸盐与对氨基苯磺酸发生重氮反应后，会再与盐酸萘乙二胺偶合形成紫红色的染料，产生的颜色深浅与亚硝酸根含量成正比，故可以比色测定，并通过与标准系列比较来定量。

三、实验材料

1. 泡菜制作材料及工具

大白菜、胡萝卜、生姜、蒜、辣椒、食盐、蔗糖、料酒、凉开水、白酒等，泡菜坛或者其他容器（自带）、菜刀、砧板。

2. 测定亚硝酸盐的试剂

（1）4g/L对氨基苯磺酸溶液：称取0.4g对氨基苯磺酸，溶解于100mL体积分数为20%的盐酸中，避光保存。

（2）2g/L N-1-萘基乙二胺盐酸盐溶液：称取0.2g N-1-萘基乙二胺盐酸盐，溶解于

100mL 的水中,避光保存。

（3）5µg/mL 亚硝酸钠溶液:称取 0.10g 于硅胶干燥器中干燥 24h 的亚硝酸钠,用水溶解至 500 mL,再转移 5mL 溶液至 200mL 容量瓶,定容至 200mL。

（4）提取剂:分别称取 50g 氯化镉、氯化钡,溶解于 1000mL 蒸馏水中,用盐酸调节 pH 至 1。

（5）氢氧化铝乳液:将 125g 硫酸铝[$Al_2(SO_4)_3 \cdot 18H_2O$]溶解在 1000mL 蒸馏水中,形成氢氧化铝胶状物(为促进胶状物的形成,可适当加入氨水溶液,使 pH 值为 4)。制备的氢氧化铝胶体能吸附泡菜汁液中的杂质,使泡菜汁透明澄清。

（6）2.5mol/L 的氢氧化钠溶液:取 220g 氢氧化钠溶于 200mL 无二氧化碳的水中摇匀,配制成氢氧化钠饱和溶液,密闭静置待溶液澄清,取上层清液 135mL,用无二氧化碳的水稀释至 1000mL。

3. 仪器和其他用具

分光光度计、分析天平、500mL 容量瓶、恒温水浴锅、50mL 具塞比色管等。

四、实验内容

1. 泡菜发酵

(1) 坛的清洗:将泡菜坛洗净,并用热水洗坛内壁两次。
(2) 配制盐水:泡菜盐水将清水和盐以 4:1(质量比)配制,煮沸,冷却备用。
(3) 菜的切洗:将各种蔬菜洗净,用凉开水冲洗后切成 3～4cm 长的小块,放入容器内。
(4) 装坛,加佐料:将蔬菜装至半坛时放入蒜瓣、生姜、香辛料等佐料(根据个人口味确定加入佐料的数量),并继续装至八成满。如果希望发酵快些,可将蔬菜在开水中浸 1min 后入坛,再加上一些白酒。
(5) 盐水浸泡:倒入配制好的盐水,使盐水浸没全部材料。
(6) 密封发酵:盖上泡菜坛盖子并用水密封发酵,在阴凉处自然条件下放置 1～2 周。

注意事项
(1) 泡菜腌制过程中要注意保持无氧环境,防止未密封而造成的杂菌污染。
(2) 操作时不能加入生水,防止杂菌污染。
(3) 容器中不能有油渍,否则易造成泡菜腐烂。
(4) 坛子内壁必须洗干净,然后把生水擦干,或干脆用开水烫一下。

2. 亚硝酸盐测定

(1) 制备样品:①称取 400g 泡菜,粉碎榨汁,过滤得到的汁液记为 A(约 200mL)。②取 100mL 汁液倒入 500mL 容量瓶,添加 200mL 蒸馏水和 100mL 提取剂(增大亚硝酸钠的溶解度),摇床振荡 1h,再加 40mL 氢氧化钠溶液,最后用蒸馏水定容至 500mL 并立刻用滤纸过滤获得滤液。③ 将 60mL 滤液移入 100mL 容量瓶,用氢氧化铝乳液(吸附脱色)定容至 100mL 后过滤,获得无色透明的滤液。

(2) 标准曲线的绘制:精密吸取 0.00mL、0.20mL、0.40mL、0.60mL、0.80mL、1.00mL、1.50mL、2.00mL、2.50mL 亚硝酸钠标准使用液(相当于 0µg、1µg、2µg、3µg、4µg、

$5\mu g$、$7.5\mu g$、$10\mu g$、$12.5\mu g$ 亚硝酸钠),分别置于 50mL 比色管中。各加 2mL 对氨基苯磺酸溶液(4g/L),混匀,静置 3～5min 后各加入 1mL 盐酸萘乙二胺溶液(2g/L),加水至刻度,混匀,静置 15min,以零管调节零点,于波长 538nm 处测吸光度。

以亚硝酸钠质量(μg)为横坐标,以吸光值为纵坐标绘制标准曲线,列出吸光值 Y 与亚硝酸钠质量 X 之间的直线回归方程($Y=KX+B$)。

(3) 试样的测定:精密吸取 40mL 样液于 50mL 比色管中。各加 2mL 对氨基苯磺酸溶液(4g/L),混匀,静置 3～5min 后各加入 1mL 盐酸萘乙二胺溶液(2g/L),加水至刻度,混匀,静置 15min,以零管调节零点,于波长 538nm 处测吸光度,通过标准曲线的回归方程计算相应的亚硝酸盐质量(μg,以亚硝酸钠计)。

(4) 计算结果时应使用如下公式:

$$泡菜中亚硝酸盐含量 = \frac{A \times X \times 500mL \times 100mL}{40mL \times 60mL \times 100mL \times 400g}$$

式中:X 为样品测得的吸光度值在标准曲线上对应的亚硝酸钠质量(μg);

A 为 400g 泡菜榨汁过滤得到的汁液体积(mL)。

五、实验报告

数据记录见表 37-1。

表 37-1　数据记录

管号	1	2	3	4	5	6	7	8	9	样液
A538										

泡菜中亚硝酸盐的含量为＿＿＿＿＿＿＿ $\mu g/g$。

六、思考题

(1) 亚硝酸盐可被转化成致癌物质,那么为什么在食品生产中其还被用作食品添加剂?

(2) 为什么日常生活中要多吃新鲜蔬菜,不建议吃存放时间过长、变质的蔬菜?

(3) 为什么要将盐水煮沸冷却?

(4) 用水封闭坛口起什么作用? 不封闭有什么后果?

习题解答

(5) 制作泡菜为什么常常要加白酒?

Ⅲ　研究创新实验

　　微生物学课程团队可根据教师的科研项目或者学生感兴趣的微生物学问题,选取5～10个开放创新项目,公布在网上供学生选择。学生根据个人的兴趣组成科研小组。每组同学自己查阅文献,再在整理文献的基础上设计讨论并优化实验方案,经过教师的可行性评估、指导和完善后,学生在一段时间内自由、自主地完成实验。最后,以论文的形式提交书面实验报告。学生操作实施期间,微生物实验室全方位开放。教师及实验员在此过程中主要起协调作用,如实验室基本仪器设备的协调和维护、日常卫生及实验室的安全性检查等。当学生遇到困难时,教师及时给予指导和帮助,但更多的是鼓励学生自己去查阅文献资料,解决遇到的问题。所有科研小组项目完成后(一般在学期末,也可申请延期至下学期的第1周),以班为单位,各小组派代表以PPT的形式总结汇报本小组的研究情况。根据小组完成质量和个人的贡献给成员申报创新学分。学生的研究创新实验可以申报各类大学生创新项目和竞赛,鼓励学生将研究创新成果整理成论文发表。

研究创新实验示例

参 考 文 献

[1] 沈萍,陈向东.微生物学实验[M].5 版.北京:高等教育出版社,2018.
[2] 钱存柔,黄仪秀.微生物学实验教程[M].北京:北京大学出版社,2008.
[3] 黄文芳,张松.微生物学实验指导[M].广州:暨南大学出版社,2003.
[4] 朱旭芬.现代微生物学实验技术[M].杭州:浙江大学出版社,2011.
[5] 咸洪泉,郭立忠.微生物学实验教程[M].北京:高等教育出版社,2010.
[6] 程水明,刘仁荣.微生物学实验[M].武汉:华中科技大学出版社,2015.
[7] 周德庆,徐德强.微生物学实验教程[M].3 版.北京:高等教育出版社,2013.
[8] 徐德强,王英明,周德庆.微生物学实验教程[M].4 版.北京:高等教育出版社,2019.
[9] 赵斌,何绍江.微生物学实验[M].北京:科学出版社,2002.
[10] 周德庆.微生物学教程[M].4 版.北京:高等教育出版社,2020.
[11] 林稚兰,黄秀梨.现代微生物学与实验技术[M].北京:科学出版社,2000.
[12] 沈萍,陈向东.微生物学[M].8 版.北京:高等教育出版社,2016.
[13] 马迪根,马丁克.BROCK 微生物生物学:第 11 版[M].李明春,杨文博,译.北京:科学出版社,2008.
[14] 孙智杰,刘芳.基础微生物学实验指导[M].北京:北京理工大学出版社,2022.
[15] 王秀菊,王立国.环境工程微生物学实验[M].青岛:中国海洋大学出版社,2019.
[16] 张悦,曹艳茹.微生物学实验[M].昆明:云南大学出版社,2016.
[17] 熊元林,姚小飞,赵为.微生物学实验[M].2 版.武汉:华中师范大学出版社,2014.
[18] 赵玉萍,方芳.应用微生物学实验[M].南京:东南大学出版社,2013.
[19] 石鹤.微生物学实验[M].武汉:华中科技大学出版社,2010.
[20] 李艳.发酵工程原理与技术[M].北京:高等教育出版社,2007.

附录 1 常用培养基配制

1. 牛肉膏蛋白胨培养基（用于细菌培养）

牛肉膏 5g，蛋白胨 10g，NaCl 5g，琼脂 15~20g，水 1000mL，pH7.0~7.2。121℃灭菌 20min。

2. 高氏 1 号培养基（用于放线菌培养）

可溶性淀粉 20g，KNO_3 1g，NaCl 0.5g，$K_2HPO_4 \cdot 3H_2O$ 0.5g，$MgSO_4 \cdot 7H_2O$ 0.5g，$FeSO_4 \cdot 7H_2O$ 0.01g，琼脂 20g，水 1000mL，pH7.2~7.4。121℃灭菌 20min。

配制时注意，可溶性淀粉要先用冷水调匀后再加入到沸腾的水中，搅匀，其他药品依次加入，定容，调 pH 值。

3. 马丁氏（Martin）培养基（用于从土壤中分离真菌）

葡萄糖 10g，蛋白胨 5g，KH_2PO_4 1g，$MgSO_4 \cdot 7H_2O$ 0.5g，1/3000 孟加拉红水溶液 100mL，琼脂 15~20g，水 900mL，自然 pH。121℃灭菌 20min。

待培养基冷却至 55~60℃时加入 1‰链霉素 3.3mL。

4. 马铃薯培养基（PDA）（用于霉菌或酵母菌培养）

马铃薯（去皮）200g，蔗糖（或葡萄糖）20g，琼脂 15~20g，水 1000mL，自然 pH。121℃灭菌 20min。

配制方法如下：将马铃薯去皮，切成小块，放入 1000mL 的烧杯中煮沸 30min，注意用玻棒搅拌以防糊底，然后用双层纱布过滤，取其滤液加糖，再补足至 1000mL，自然 pH，霉菌用蔗糖，酵母菌用葡萄糖。

5. 麦芽汁琼脂培养基

取大麦或小麦若干，用水洗净，浸水 6~12h，置 15℃阴暗处发芽，上盖纱布一块，每日早、中、晚淋水一次，麦根伸长至麦粒的两倍时，停止发芽，摊开晒干或烘干，贮存备用。将干麦芽磨碎，1 份麦芽加 4 份水，在 65℃水浴锅中糖化 3~4h，糖化程度可用碘滴定之。将糖化液用 4~6 层纱布过滤，滤液如浑浊不清，可用鸡蛋白澄清，方法是将一个鸡蛋白加水约 20mL，调匀至生泡沫时为止，然后倒在糖化液中搅拌煮沸后再过滤。将滤液稀释到 5~6 波美度（°Bé），pH 值约为 6.4，加入 2%琼脂即成。121℃灭菌 20min。

6. 查氏（Czapek）培养基（蔗糖硝酸钠培养基）（用于霉菌培养）

蔗糖 30g，$NaNO_3$ 2g，K_2HPO_4 1g，$MgSO_4 \cdot 7H_2O$ 0.5g，KCl 0.5g，$FeSO_4 \cdot 7H_2O$ 0.1g，琼脂 15~20g，水 1000mL，pH7.0~7.2。121℃灭菌 20min。

7. Hayflik 培养基（用于支原体培养）

牛心消化液（或浸出液）1000mL，蛋白胨 10g，NaCl 5g，琼脂 15g，pH7.8~8.0，每瓶分

装 70mL,121℃湿热灭菌 15min,待冷却至 80℃左右,每 70mL 中加入马血清 20mL,25％鲜酵母浸出液 10mL,15％醋酸铊水溶液 2.5mL,青霉素 G 钾盐水溶液(20 万单位以上)0.5mL,以上混合后倾注平板。

注意:醋酸铊是极毒的药品,需特别注意安全操作。

8. 麦氏(McCLary)培养基(醋酸钠培养基)

葡萄糖 0.1g,KCl 0.18g,酵母膏 0.25g,醋酸钠 0.82g,琼脂 1.5g,蒸馏水 100mL。溶解后分装试管。115℃灭菌 30min。

9. 油脂培养基

蛋白胨 10g,牛肉膏 5g,NaCl 5g,香油或花生油 10g,1.6％中性红水溶液 1mL,琼脂 15~20g,水 1000mL,pH7.2。121℃灭菌 20min。

注:①不能使用变质油;②油和琼脂及水先加热;③调好 pH 后,再加入中性红;④分装时,需不断搅拌,使油均匀分布于培养基中。

10. 淀粉培养基

蛋白胨 10g,NaCl 5g,牛肉膏 5g,可溶性淀粉 2g,水 1000mL,琼脂 15~20g。121℃灭菌 20min。

11. 明胶培养基

牛肉膏蛋白胨液 100mL ,明胶 12~18g,pH7.2~7.4。

在水浴锅中将上述成分溶解,不断搅拌,溶解后调 pH 值为 7.2~7.4。分装试管,培养基高度约 4~5cm。

115℃灭菌 30min。121℃灭菌 20min。

12. 尿素琼脂培养基

尿素 20g,琼脂 15g,NaCl 5g,KH_2PO_4 2g,蛋白胨 1g,酚红 0.012g,水 1000mL,pH6.8±0.2。

在蒸馏水或去离子水 100mL 中,加入上述所有成分(除琼脂外)。混合均匀,过滤除菌。将琼脂加入 900mL 蒸馏水或去离子水中,加热煮沸。121℃灭菌 15min。冷却至 50℃,加入无菌的基本培养基,混匀后,分装于无菌的试管中,放在倾斜位置上使其凝固。

13. 葡萄糖蛋白胨水培养基(用于 V-P 试验和甲基红试验)

蛋白胨 5g,葡萄糖 5g,NaCl 5g,水 1000mL,pH7.2。112℃灭菌 30min。

14. 蛋白胨水培养基(用于吲哚试验)

蛋白胨 10g,NaCl 5g,水 1000mL,pH7.6。121℃灭菌 20min。

15. 糖发酵培养基(用于细菌糖发酵试验)

蛋白胨 10g,NaCl 5g,水 1000mL,溴百里酚蓝(溴麝香草酚蓝)或者溴甲酚紫(1.6％酒精溶液)1mL,糖类 2g,pH 7.6。

分别称取蛋白胨和 NaCl 溶于热水中,调 pH 值至 7.6,再加入溴百里酚蓝(溴麝香草酚蓝)或者溴甲酚紫,加入糖类,分装试管,装量 4~5cm 高,并倒放入一德汉氏小管(管口向下,管内充满培养液)。112℃灭菌 30min。灭菌时注意适当延长煮沸时间,尽量把冷空气排尽以使德汉氏小管内不残存气泡。常用的糖类有葡萄糖、蔗糖、甘露糖、麦芽糖、乳糖、半乳糖等(后两种糖的用量常加大为 1.5%)。

16. 柠檬酸盐培养基

柠檬酸钠 2g,NH$_4$H$_2$PO$_4$ 1g,K$_2$HPO$_4$ 1g,MgSO$_4$·7H$_2$O 0.2g,NaCl 5g,琼脂 20g,溴百里酚蓝(溴麝香草酚蓝)(1.6%酒精溶液)1mL,蒸馏水 1000mL,pH 6.8。121℃灭菌 20min。

在烧杯中可先加入少于所需要的水量,将配方中除溴百里酚蓝(1.6%酒精溶液)以外的成分加入到烧杯中,用玻棒搅匀;然后,加热使其熔化或溶解,在琼脂熔化的过程中,需不断搅拌,以防琼脂糊底使烧杯破裂,遇水沸腾导致即将溢出烧杯时,及时添加少许冷水;待琼脂完全熔化后,补充水分到所需的总体积;调 pH 值,加溴百里酚蓝(1.6%酒精溶液)。

17. 醋酸铅培养基

pH7.4 的牛肉膏蛋白胨琼脂培养基 100mL,硫代硫酸钠 0.25g,10%醋酸铅水溶液 1mL,pH7.2。

将牛肉膏蛋白胨琼脂培养基 100mL 加热熔化,待冷至 60℃时加入硫代硫酸钠 0.25g,调 pH 值为 7.2,分装于三角烧瓶中,115℃灭菌 15min。取出后待冷至 55~60℃,加入无菌的 10%醋酸铅水溶液 1mL,混匀后倒入灭菌试管或平板中。

18. 淀粉筛选培养基

蛋白胨 10g,牛肉膏 3g,NaCl 5g,可溶性淀粉 20g,琼脂 20g,曲利苯蓝 0.005%,水 1000mL,pH7.0。121℃灭菌 20min。

量取所需水量,少量置于一小烧杯中,剩余置于大烧杯中,将大烧杯在电炉上加热至沸腾。称量可溶性淀粉,置于小烧杯中,用少量冷水将淀粉调成糊状后加入到大烧杯内沸水中,搅匀。其他药品依次加入,调 pH 值,每 1000mL 培养基中加入 2mL 0.025g/mL 的曲利苯蓝溶液,完成后倒入三角烧瓶中,加塞,包扎后灭菌。

19. BCG 牛乳培养基(用于乳酸发酵)

A 液:脱脂乳粉 100g,水 500mL,加入溴甲酚绿(BCG)1.6%(酒精溶液)1mL,80℃灭菌 20min。

B 液:酵母膏 10g,水 500mL,琼脂 20g,pH6.8,121℃灭菌 20min。
以无菌操作趁热将 A、B 液混合均匀后倒平板。

20. 乳酸菌培养液(用于乳酸发酵)

牛肉膏 5g,酵母膏 5g,蛋白胨 10g,葡萄糖 10g,乳糖 5g,NaCl 5g,水 1000mL,pH6.8。121℃灭菌 20min。

21. 酒精发酵培养基(用于酒精发酵)

蔗糖 10g,MgSO$_4$·7H$_2$O 0.5g,NH$_4$NO$_3$ 0.5g,20%豆芽汁 2mL,KH$_2$PO$_4$ 0.5g,水 100mL,自然 pH。121℃灭菌 20min。

22. 豆芽汁培养基

黄豆芽 500g,加水 1000mL,煮沸 1h,过滤后补足水分,121℃灭菌后存放备用,此即为 50%的豆芽汁。

用于细菌培养：10％豆芽汁 200mL，葡萄糖（或蔗糖）50g，水 800mL，pH7.2～7.4。

用于霉菌或酵母菌培养：10％豆芽汁 200mL，糖 50g，水 800mL，自然 pH。霉菌用蔗糖，酵母菌用葡萄糖。

23. LB（Luria-Bertani）培养基（细菌培养，常在分子生物学中应用）

双蒸水 950mL，胰蛋白胨 10g，NaCl 10g，酵母提取物 5g，用 1mol/L NaOH（约 1mL）调节 pH 值至 7.0，加双蒸水至总体积为 1L，121℃灭菌 30min。

含氨苄青霉素的 LB 培养基：待 LB 培养基灭菌后冷却至 50℃左右加入抗生素，至终浓度为 80～100mg/L。

24. 复红亚硫酸钠培养基（远藤氏培养基）（用于水体中大肠菌群测定）

蛋白胨 10g，牛肉膏 5g，酵母膏 5g，琼脂 20g，乳糖 10g，K_2HPO_4 0.5g，无水亚硫酸钠 5g，5％碱性复红乙醇溶液 20mL，蒸馏水 1000mL，pH7.2～7.4。

制作过程：先将蛋白胨、牛肉浸膏、酵母浸膏和琼脂加入 900mL 水中，加热溶解，再加入 K_2HPO_4，溶解后补充水至 1000mL，调 pH 值至 7.2～7.4。随后加入乳糖，混匀溶解后，于 115℃湿热灭菌 20min。再称取亚硫酸钠至一无菌空试管中，用少许无菌水使其溶解，在水浴中煮沸 10min 后，立即滴加于 20mL 5％碱性复红乙醇溶液中，直至深红色转变为淡粉红色为止。将此混合液全部加入到上述已灭菌的并仍保持液体状态的培养基中，混匀后立即倒平板，待凝固后存放冰箱备用，若颜色由淡红变为深红，则不能再用。

25. 乳糖蛋白胨半固体培养基（用于水体中大肠菌群测定）

蛋白胨 10g，牛肉膏 5g，酵母膏 5g，乳糖 10g，琼脂 5g，蒸馏水 1000mL，pH7.2～7.4，分装试管（10mL/管），115℃灭菌 20min。

26. 乳糖蛋白胨培养液（用于多管发酵法检测水体中大肠菌群）

蛋白胨 10g，牛肉膏 3g，乳糖 5g，NaCl 5g，蒸馏水 1000mL，溴甲酚紫（1.6％酒精溶液）1mL，调 pH 值至 7.2，分装试管（10mL/管），并放入倒置德汉氏小管，115℃灭菌 20min。

27. 三倍浓缩乳糖蛋白胨培养液（用于水体中大肠菌群测定）

将乳糖蛋白胨培养液中各营养成分扩大 3 倍加入到 1000mL 水中，制法同上，分装于放有倒置德汉氏小管的试管中，每管 5mL，115℃灭菌 20min。

28. 伊红美蓝培养基（EMB 培养基）（用于水体中大肠菌群测定和细菌转导）

蛋白胨 10g，乳糖 10g，K_2HPO_4 2g，琼脂 25g，2％伊红 Y（曙红）水溶液 20mL，0.5％美蓝（亚甲蓝）水溶液 13mL，pH7.4。115℃灭菌 20min。

制作过程：先将蛋白胨、乳糖、K_2HPO_4 和琼脂混匀，加热溶解后，调 pH 值至 7.4，115℃灭菌 20min；然后加入已分别灭菌的伊红液和美蓝液，充分混匀，防止产生气泡。待培养基冷却到 50℃左右倒平板。如培养基太热会产生过多的凝集水，可在平板凝固后倒置存于冰箱备用。在细菌转导实验中用半乳糖代替乳糖，其余成分不变。

29. 加倍肉汤培养基（用于细菌转导）

牛肉膏 6g，蛋白胨 20g，NaCl 10g，水 1000mL，pH7.4～7.6，121℃灭菌 20min。

30. 豆饼斜面培养基（用于产蛋白酶霉菌菌株筛选）

豆饼100g加水5～6倍，煮出滤汁100mL，汁内加入KH_2PO_4(0.1%)、$MgSO_4$(0.05%)、$(NH_4)_2SO_4$(0.05%)、可溶性淀粉(2%)、琼脂(2%～2.5%)，自然pH，121℃灭菌20min。

31. 酪素培养基（用于蛋白酶菌株筛选）

分别配制A液和B液。

A液：称取$Na_2HPO_4 \cdot 7H_2O$ 1.07g，干酪素4g，加适量蒸馏水，并加热溶解。

B液：称取KH_2PO_4 0.36g，加水溶解。

A、B液混合后，加入酪素水解液0.3 mL，加琼脂20g，最后用蒸馏水定容至1000mL。

酪素水解液的配制：1g酪蛋白溶于pH7.4的磷酸盐缓冲液中，加入1%的枯草芽孢杆菌蛋白酶25mL，加水定容至100mL，30℃水解1h。

32. 细菌基本培养基（用于营养缺陷型菌株筛选）

$Na_2HPO_4 \cdot 7H_2O$ 1g，$MgSO_4 \cdot 7H_2O$ 0.2g，葡萄糖5g，NaCl 5g，K_2HPO_4 1g，水1000mL，pH7.0。115℃灭菌30min。

33. 酵母膏胨葡萄糖培养基（YPD）

酵母膏10g，蛋白胨20g，葡萄糖20g，琼脂20g，1%链霉素3.3mL（临用前加入），水1000mL，自然pH。112℃灭菌30min。

34. 酚红半固体柱状培养基（用于检查氧与菌生长的关系）

蛋白胨1g，葡萄糖10g，玉米浆10g，琼脂7g，水1000mL，pH7.2。在调好pH值后，加入1.6%酚红溶液数滴，至培养基变为深红色，分装于大试管中，装量约为试管高度的1/2，115℃灭菌20min。细菌在此培养基中利用葡萄糖生长产酸，使酚红从红色变成黄色，在不同部位生长的细菌，可使培养基的相应部位颜色改变。但注意培养时间太长，酸可扩散以致不能正确判断结果。

以上各种培养基均可配制成固体或半固体状态，只需改变琼脂用量即可，前者为1.5%～2.0%，后者为0.3%～0.8%。

附录 2 实验用染色液及试剂的配制

一、实验用染色液的配制

1. 黑色素液

水溶性黑素 10g,蒸馏水 100mL,甲醛(福尔马林)0.5mL。可用作荚膜的背景染色。

2. 墨汁染色液

国产绘图墨汁 40mL,甘油 2mL,液体石炭酸 2mL。先将墨汁用多层纱布过滤,加甘油混匀后,水浴加热,再加石炭酸搅匀,冷却后备用。可用作荚膜的背景染色。

3. 吕氏(Loeffier)碱性美蓝染液

A 液:美蓝(methylene blue,又名甲烯蓝)0.3g,95%乙醇 30mL。

B 液:0.01% KOH 溶液 100mL。

混合 A 液和 B 液即成,用于细菌单染色,可长期保存。根据需要可配制成稀释美蓝液,按 1:10 或 1:100 稀释均可。

4. 革兰氏染色液

(1) 结晶紫(crystal violet)染液:结晶紫乙醇饱和液(结晶紫 2g 溶于 20mL95%乙醇中)20mL,1%草酸铵水溶液 80mL,将两液混匀置 24h 后过滤即成。此液不易保存,如有沉淀出现,需重新配制。

(2) 鲁(Lugol)氏碘液:碘 1g,碘化钾 2g,蒸馏水 300mL。先将碘化钾溶于少量蒸馏水中,然后加入碘使之完全溶解,再加蒸馏水至 300mL 即成。配成后贮于棕色瓶内备用,如变为浅黄色即不能使用。

(3) 95%乙醇:用于脱色,脱色后可选用以下(4)或(5)其中一项复染即可。

(4) 稀释石炭酸复红溶液:碱性复红 1g,95%乙醇 10mL,5%石炭酸 90mL,混合溶解即成碱性复红乙醇饱和液。取饱和液 10mL 加蒸馏水 90mL 即可制成稀释碳酸复红溶液。

(5) 番红溶液:番红 O(safranine,又称沙黄 O)2.5g,95%乙醇 100mL,溶解后可贮存于密闭的棕色瓶中,用时取 20mL 与 80mL 蒸馏水混匀即可。

以上染液配合使用,可区分出革兰氏染色阳性(G^+)或阴性(G^-)细菌,G^+菌被染成蓝紫色,G^-菌被染成淡红色。

5. 镀银法鞭毛染色液

A 液:丹宁酸 5.0g,$FeCl_3$ 1.5g,15%甲醛(福尔马林)2.0mL,1%NaOH 1.0mL,蒸馏

水 100mL。

B液：$AgNO_3$ 2.0g,蒸馏水 100mL。待 $AgNO_3$ 溶解后,取出 10mL 备用,向其余的 90mL$AgNO_3$ 中滴加 NH_4OH,即可形成很厚的沉淀,继续滴加 NH_4OH 至沉淀刚刚溶解成为澄清溶液为止,再将备用的 $AgNO_3$ 慢慢滴入,则溶液出现薄雾,但轻轻摇动后,薄雾状的沉淀又消失,继续滴入 $AgNO_3$,直到摇动后仍呈现轻微而稳定的薄雾状沉淀为止,如雾重,说明银盐沉淀出,不宜再用。通常在配制当天便使用,次日效果欠佳,第三天则不能使用。

6. 改良 Leifson 法鞭毛染色液

A液：20%鞣酸溶液(加温溶解)2mL。

B液：20%钾明矾饱和液(加温溶解)2mL。

C液：石炭酸饱和液 5mL。

D液：10%碱性复红无水乙醇溶液 1.5mL。

将上述四种溶液分别配好后,按 A、B、C、D 的顺序混合,放置 2～3 日后过滤 15～20 次,保存期为 1 周。

7. 0.5%沙黄(safranine)液

2.5%沙黄乙醇液 20mL,蒸馏水 80mL。将 2.5%沙黄乙醇液作为母液保存于密封的棕色瓶中,使用时再稀释。

8. 5%孔雀绿水溶液

孔雀绿 5.0g,蒸馏水 100mL。

9. 0.05%碱性复红乙醇溶液

碱性复红 0.05g,95%乙醇 100mL。

10. 齐氏(Ziehl)石炭酸复红染液

0.3g 碱性复红溶于 10mL 95%乙醇中为 A 液；100mL 0.01%KOH 溶液为 B 液。混合 A、B 液即成。

11. 姬姆萨(Giemsa)染液

(1) 贮存液：称取姬姆萨粉 0.5g,甘油 33mL,甲醇 33mL。先将姬姆萨粉研细,再逐滴加入甘油,继续研磨,最后加入甲醇,在 56℃放置 1～24h 后即可使用。

(2) 应用液(临用时配制)：取 1mL 贮存液加 19mL pH7.4 磷酸缓冲液即成。亦可以 $V_{贮存液}:V_{甲醇}=1:4$ 的比例配制成染色液。

12. 乳酸石炭酸棉蓝染液(用于真菌固定和染色)

石炭酸(结晶酚)20g,乳酸 20mL,甘油 40mL,棉蓝 0.05g,蒸馏水 20mL。将棉蓝溶于蒸馏水中,再加入其他成分,微加热使其溶解,冷却后使用。滴少量染液于真菌涂片上,加上盖玻片即可观察。霉菌菌丝和孢子均可被染成蓝色。染色后的标本用树脂封固后能长期保存。

13. 1%瑞氏(Wright's)染色液

称取瑞氏染色粉 6g,放研钵内磨细,不断滴加甲醇(共 600mL)并继续研磨使其溶解。

过滤后的染液须贮存一年以上才可使用,保存时间越久,染色色泽越佳。

14. 阿氏(Albert)异染粒染色液

A 液:甲苯胺蓝(toluidine blue)0.15g,孔雀绿 0.2g,冰醋酸 1mL,95％乙醇 2mL,蒸馏水 100mL。

B 液:碘 2g,碘化钾 3g,蒸馏水 300mL。

先用 A 液染色 1min,倾去 A 液后,用 B 液冲去 A 液,并染色 1min。异染粒呈黑色,其他部分呈暗绿或浅绿。

二、实验用试剂的配制

1. 乳酸苯酚固定液

乳酸 10g,结晶苯酚 10g,甘油 20g,蒸馏水 10mL。

2. 1.6％溴甲酚紫

溴甲酚紫 1.6g 溶于 100mL 乙醇中,贮存于棕色瓶中备用。用作培养基指示剂时,每 1000mL 培养基中加入 1mL 1.6％溴甲酚紫即可。

3. 1.6％溴百里酚蓝(溴麝香草酚蓝)

溴百里酚蓝(溴麝香草酚蓝)1.6g 溶于 100mL 乙醇中,贮存于棕色瓶中备用。用作培养基指示剂时,每 1000mL 培养基中加入 1mL 1.6％溴百里酚蓝(溴麝香草酚蓝)即可。

4. 甲基红(methyl red)试剂

甲基红 0.04g,95％乙醇 60mL,蒸馏水 40mL。

先将甲基红溶于 95％乙醇中,然后加入蒸馏水即可。

5. V-P 试剂

5％α-萘酚无水乙醇溶液:α-萘酚 5g,无水乙醇 100mL。

40％KOH:KOH 40g,蒸馏水 100mL。

6. 吲哚试剂

对二甲基氨基苯甲醛 2g,95％乙醇 190mL,浓盐酸 40mL。

7. 硝酸盐还原试剂

(1) 格里斯氏(Griess)试剂。

A 液:对氨基苯磺酸 0.5g,稀醋酸(10％左右)150mL。

B 液:α-萘胺 0.1g,蒸馏水 20mL,稀醋酸(10％左右)150mL。

(2) 二苯胺试剂:二苯胺 0.5g 溶于 100mL 浓硫酸中,用 20mL 蒸馏水稀释。

在培养液中滴加 A、B 液后溶液若变为粉红色、玫瑰红色、橙色或棕色等表示有亚硝酸盐还原,反应为阳性。若呈无色则可加 1～2 滴二苯胺试剂:若溶液呈蓝色则表示培养液中仍存在硝酸盐,从而证实该菌无硝酸盐还原作用;若溶液不呈蓝色,则表示形成的亚硝酸盐已进一步还原成其他物质,故硝酸盐还原反应仍为阳性。

8. 阿氏(Alsever's)血细胞保存液

葡萄糖 2.05g,柠檬酸钠 0.8g,NaCl 0.42g,蒸馏水 100mL。以上成分混匀后,微加温使其溶解后,用柠檬酸调节 pH 值为 6.1,分装于三角烧瓶中(30~50mL/瓶),113℃湿热灭菌 15min,备用。

9. Hank's 液

(1) 贮存液 A 液:(Ⅰ)NaCl 80g,KCl 4g,MgSO$_4$ · 7H$_2$O 1g,MgCl$_2$ · 6H$_2$O 1g,用双蒸水定容至 450mL;(Ⅱ)CaCl$_2$ 1.4g(或 CaCl$_2$ · 2H$_2$O 1.85g)用双蒸水定容至 50mL。将Ⅰ和Ⅱ混合,加氯仿 1mL 即成 A 液。

(2) 贮存液 B 液:Na$_2$HPO$_4$ · 12H$_2$O 1.52g,KH$_2$PO$_4$ 0.6g,酚红 0.2g,葡萄糖 10g,用双蒸水定容至 500mL,然后加氯仿 1mL,酚红应先置于研钵内磨细,然后按配方顺序一一溶解。

(3) 应用液:取上述贮存液的 A 液和 B 液各 25mL,加双蒸水定容至 450mL,113℃湿热灭菌 20min。置 4℃下保存。使用前用无菌的 3% NaHCO$_3$ 调至所需 pH 值。

注意:药品必须全部用分析纯(A.R.)试剂,并按配方顺序加入,用适量双蒸水溶解,待前一种药品完全溶解后再加入后一种药品,最后补足水到总量。

(4) 10%小牛血清的 Hank's 液:小牛血清必须先经 56℃、灭活 30min 后才可使用,应小瓶分装保存,长期备用。用时按 10%用量加至应用液中。

10. 0.1mol/L CaCl$_2$ 溶液

双蒸水 900mL,CaCl$_2$ 11g,定容至 1L,可用孔径为 0.22μm 的滤器过滤除菌或 121℃湿热灭菌 20min。

11. 0.05mol/L CaCl$_2$ 溶液

双蒸水 900mL,CaCl$_2$ 5.5g,定容至 1L,可用孔径为 0.22μm 的滤器过滤除菌或 121℃湿热灭菌 20min。

12. α-淀粉酶活力测定试剂

(1) 碘原液:称取碘 11g,碘化钾 22g,加水溶解定容至 500mL。

(2) 标准稀碘液:取碘原液 15mL,加碘化钾 8g,定容至 500mL。

(3) 比色稀碘液:取碘原液 2mL,加碘化钾 20g,定容至 500mL。

(4) 2%可溶性淀粉:称取干燥可溶性淀粉 2g,先以少许蒸馏水混合均匀,再徐徐倒入煮沸的蒸馏水中,继续煮沸 2min,待冷却后定容至 100mL。(此液当天配制使用)

(5) 标准糊精:称取分析纯糊精 0.3g,用少许蒸馏水混匀后倒入 400mL 温水(40~50℃)中,冷却后定容至 500mL,加入几滴甲苯试剂防腐,冰箱保存。

13. pH 6.0 磷酸氢二钠-柠檬酸缓冲液

称取 Na$_2$HPO$_4$ · 12H$_2$O 45.23g,柠檬酸(C$_6$H$_8$O$_7$ · H$_2$O) 8.07g,加蒸馏水定容至 1000mL。

14. 0.1mol/L 磷酸缓冲液(pH 7.0)

称取 Na$_2$HPO$_4$ · 12H$_2$O 35.82g,溶于 1000mL 蒸馏水中,为 A 液;称取 NaH$_2$PO$_4$ ·

$2H_2O15.605g$,溶于 1000mL 蒸馏水中,为 B 液。取 A 液 61mL,B 液 39mL,可得到 100mL 0.1mol/L pH7.0 的磷酸缓冲液。

15. 测定乳酸的试剂

(1) pH9.0 缓冲液:在 300mL 容量瓶中加入甘氨酸 11.4g,24% NaOH 2mL,加 275mL 蒸馏水。

(2) NAD 溶液:NAD 600mg 溶于 20mL 蒸馏水中。

(3) L(+)LDH:加 5mg L(+)LDH 于 1mL 蒸馏水中。

(4) D(-)LDH:加 2mg D(-)LDH 于 1mL 蒸馏水中。

16. Taq 缓冲液(10×)

Tris-HCl (pH8.4) 100mmol/L,KCl 500mmol/L,$MgCl_2$ 15mmol/L,BSA(牛血清蛋白)或明胶 1mg/mL。

17. dNTP 混合液

dATP 50mmol/L,dCTP 50mmol/L,dGTP 50mmol/L,dTTP 50mmol/L。

18. 1%琼脂糖

琼脂糖 1g,TAE100mL,100℃溶解后冷却至 40℃,倒胶,胶厚度约 0.4~0.6cm。

19. TAE(电泳)缓冲液

Tris 碱 4.84mL,冰乙酸 1.14mL,0.5mol/L EDTA(pH 8.0)2mL。

20. 0.5mol/L EDTA(pH8.0)

在 800mL 蒸馏水中加 186.1g EDTA,剧烈搅拌,用 NaOH 调 pH 值至 8.0(约 20g 颗粒),定容至 1L,分装后 121℃湿热灭菌备用。

21. 质粒制备、转化和染色体 DNA 提取的溶液配制

(1) 100mg/mL 氨苄西林贮存液:称取 25g 的氨苄西林粉末,加去离子水至 250mL,完全溶解后过滤、分装,20℃保存。

(2) 溶液 I:50mmol/L 葡萄糖溶液,25mmol/L Tris-HCl(pH 8.0),10mmol/L EDTA(pH 8.0)。

1mol/L Tris-HCl(pH 8.0)12.5mL,0 5mol/L EDTA(pH8.0)10mL,葡萄糖 4.730g;加去离子水至 500mL,高压灭菌,贮存于 4℃。

(3) 溶液 II:0.2N(当量浓度)NaOH,1%SDS。

2N NaOH 1mL,10%SDS 1mL,加去离子水至 10mL。使用前临时配制。

(4) 溶液 III(pH 4.8):5mol/L 醋酸钾 300mL,冰醋酸 57.5mL,加去离子水至 500mL,4℃保存。

(5) TAE(电泳)缓冲液(50 倍浓贮存液 100mL):Tris 碱 242g,冰醋酸 57.1mL,0.5mol/L EDTA(pH8.0)100mL,使用时用双蒸水稀释 50 倍。

（6）1mg/mL 溴化乙锭（ethidium bromide，EB）：溴化乙锭 100mg，双蒸水 100mL。

溴化乙锭是强诱变剂，配制时要戴手套，一般由教师配制好，盛于棕色试剂瓶中，4℃避光贮存。

（7）蛋白酶 K（20mg/mL）：将蛋白酶 K 溶于无菌双蒸水或 5mmol/L EDTA，0.5％ SDS 缓冲液中。

附录 3 玻璃器皿及玻片洗涤法

1. 洗液的配制

通常用的洗液是重铬酸钾(或重铬酸钠)的硫酸溶液,称为铬酸洗液,其成分是:重铬酸钾 60g,浓硫酸 460mL,水 300mL。配制方法为:重铬酸钾溶解在温水中,冷却后再徐徐加入浓硫酸(相对密度为 1.84 左右,可以用废硫酸)。配制好的溶液呈红色,并有均匀的红色小结晶。稀重铬酸钾溶液可如下配制:重铬酸钾 60g,浓硫酸 60mL,水 1000mL。铬酸洗液是一种强氧化剂,去污能力很强,常用它来洗去玻璃和瓷质器皿上的有机物质,切不可用于洗涤金属器皿。铬酸洗液加热后,去污能力更强,一般可加热到 45~50℃。稀铬酸洗液可煮沸,洗液可反复使用,直到溶液呈青褐色为止。

2. 玻片洗涤法

细菌染色的玻片,必须清洁无油,清洗方法如下。

(1) 新购置的玻片,先用 2%盐酸浸泡数小时,冲去盐酸,再放入浓洗液中浸泡过夜,用自来水冲净洗液,浸泡在蒸馏水中或擦干装盒备用。

(2) 用过的玻片,先用纸擦去石蜡油,再放入洗衣粉液中煮沸,稍冷后取出。逐个用清水洗净,放入浓洗液中浸泡 24h,控去洗液,用自来水冲洗,浸泡在蒸馏水中备用。

(3) 用于鞭毛染色的玻片,经以上步骤清洗后,应选择表面光滑无划痕者,浸泡在 95%乙醇中暂时存放。用时取出,用干净纱布擦去酒精,并经过火焰微热,使残余的酒精挥发,再用水滴检查,如水滴均匀散开,方可使用。

(4) 洗净的玻片,最好及时使用,以免沾染空气中飘浮的油污。长期保存的干净玻片,用前应再次洗涤后方可使用。

(5) 盖玻片使用前,可用洗衣粉液或洗液浸泡,洗净后再用 95%乙醇浸泡,擦干备用。用过的盖玻片也应及时洗净擦干保存。

3. 玻璃器皿洗涤法

清洁的玻璃器皿是得到正确实验结果的重要条件之一,由于实验目的不同,对各种器皿的清洁程度的要求也不同。

(1) 一般玻璃器皿(如锥形瓶、培养皿、试管等)可用毛刷及去污粉或肥皂洗去灰尘、油垢、无机盐等物质,然后用自来水冲洗干净。少数实验要求高的器皿,可先在洗液中浸泡数十分钟,再用自来水冲洗,最后用蒸馏水洗 2~3 次。以水在内壁能均匀分布成一薄层而不出现水珠为油垢除尽的标准。洗刷干净的玻璃器皿烘干备用。

(2) 用过的器皿应立即洗刷,放置太久会增加洗刷的难度。染菌的玻璃器皿,应先经 121℃高压蒸汽灭菌 20~30min 后取出,趁热倒出容器内的培养物,再用热肥皂水洗刷干净,用水冲洗。带菌的移液管和毛细吸管,应立即放入5%的石炭酸溶液中浸泡数小时,先灭菌,再用水冲洗,有些实验,还需要用蒸馏水进一步冲洗。

（3）新购置的玻璃器皿含有游离碱,一般先用2%盐酸或洗液浸泡数小时后,再用水冲洗干净。新的载玻片和盖玻片可先浸入肥皂水(或2%盐酸)内1h,再用水洗净,以软布擦干后浸入滴有少量盐酸的95%乙醇中,保存备用。已用过的带有活菌的载玻片或盖玻片可先浸在5%石炭酸溶液中消毒,再用水冲洗干净,擦干后,浸入95%乙醇中保存备用。

附录 4　其他微生物学实验相关附录

附录 4-1　微生物学实验室常用的器皿

附录 4-2　实验室意外事故的处理

附录 4-3　酸碱指示剂的配制

附录 4-4　常用消毒剂数据表

附录 4-5　比重(相对密度)糖度换算表

附录 4-6　常用干燥剂数据表

附录 4-7　实验常用中英名词对照表

附录 4-8　各国主要菌种保藏机构